普通高等教育"十三五"规划教材
电子信息科学与工程类专业规划教材

电路、电子技术实验与实训

党宏社　主编

电子工业出版社

Publishing House of Electronics Industry

北京·BEIJING

内容简介

本书是根据教育部关于"电路"、"数字电子技术"、"模拟电子技术"、"电工电子技术"和"电工电路"等课程的基本要求编写的实验和实训教材。全书共 11 章，涵盖了电类专业基础实验与实践性教学环节的主要方面，包括电工与电路实验、模拟电子技术实验、数字电子技术实验、电子实训等内容，同时在附录中给出了相关参考资料，为进行实验和设计提供了方便。

本书可作为高等工科院校电类专业"电路"、"数字电子技术"、"模拟电子技术"课程及非电类专业"电工电子技术"和"电工电路"课程的配套实验与实训教材，也可作为独立设课的电类实验与电子实训教材。

图书在版编目（CIP）数据

电路、电子技术实验与实训/党宏社主编. —北京：电子工业出版社，2017.3
电子信息科学与工程类专业规划教材
ISBN 978-7-121-30904-5

Ⅰ. ①电…　Ⅱ. ①党…　Ⅲ. ①电子电路—实验—高等学校—教材　Ⅳ. ①TN710-33

中国版本图书馆 CIP 数据核字（2017）第 022110 号

策划编辑：赵玉山
责任编辑：赵玉山
印　　刷：北京虎彩文化传播有限公司
装　　订：北京虎彩文化传播有限公司
出版发行：电子工业出版社
　　　　　北京市海淀区万寿路 173 信箱　邮编　100036
开　　本：787×1 092　1/16　印张：13.75　字数：352 千字
版　　次：2017 年 3 月第 1 版
印　　次：2022 年 11 月第 8 次印刷
定　　价：35.00 元

前　言

创新精神和实践能力是对新时期高素质人才的基本要求，为适应社会对人才培养的要求，对学生创新能力的培养已成为大学教育的重中之重，编写高质量教材是保证教学过程稳定发展的基本建设，也是创新实践的开始和创新精神的启蒙。为满足电类基础教学和电子实训的要求，适应时代发展的需要，培养和提高学生电子技术的基本技能，我们在已经应用了近 10 年的《电路、电子技术实验与电子实训》（电子工业出版社）的基础上，重新编写了这本教材。

本书将"电工电路"、"模拟电子技术"和"数字电子技术"三大电类基础课实验与电子技能训练内容融合，既可以完成基本的实验教学与训练任务，又能综合三门课之间的内容，便于学生对整个电类基础课的了解，而不是仅仅局限于某门课程的内容；本书以着力培养学生的实验操作技能，动手实践能力，提高学生分析问题、解决问题的能力，培养实事求是、严谨细致的科学作风为主线，在内容的处理上，按照由浅入深的思路引导学生在弄懂实验原理的基础上完成实验，以提高学生的思维能力、工程实践能力和自主创新能力。每个实验项目都由"实验目的、实验原理、实验内容、实验要点（设计提示）、实验扩展"等组成，既让学生掌握本实验的内容，又能加深联想，举一反三，从系统的角度去理解和掌握所学知识；综合设计部分仅提出设计要求，给出简单提示，以锻炼学生分析和解决具体问题的能力。

全书分为 11 章，由两部分组成，第一部分为基础实验篇，共 6 章，主要介绍了实验的基本知识、电路实验、模拟电子技术实验与数字电子技术实验；第二部分是实习实训篇，共 5 章，介绍了安全用电常识、焊接工艺与焊接技术、元器件认知与测量、电路板制版方法、电路调试方法及电路仿真软件的使用等。

本教材具有以下特点：

1．将实验与实训内容相结合，通过电路验证、电路设计、电路制作与调试完整的过程介绍，提高学生分析问题与解决问题的能力；

2．按基础实验、基础设计、综合设计的顺序组织内容，循序渐进，有利于学生的掌握与应用；

3．通过"实验扩展"、"设计扩展"和"设计思考"等环节，注重学生创新能力和应用能力的培养。

本书第 1 章由党宏社编写，第 2 章由李强华编写，第 3 章和第 4 章由田毅韬编写，第 5 章和第 6 章由张震强编写，第 7 至 12 章由任喜伟编写，全书由党宏社统稿。

电子工业出版社的赵玉山编辑为本书的出版付出了辛勤的劳动，编者在此表示诚挚的谢意。

本书在编写过程中参考了有关文献的相关内容，在此对相关文献的作者表示衷心的感谢！

由于编者水平有限，加之时间仓促，书中难免存在缺点和疏漏，恳请读者批评指正。

编者
二〇一六年十月七日于西安

目　　录

第1章 绪　　论

本章简要介绍了实验与实训课程的目的与要求，实验要求与实验规范，实验的步骤与实验报告的撰写要求等，使读者能够对这门课程的地位和作用有一个整体的认识。

1.1　实验目的与要求

1.1.1　课程的性质

"电路电子技术实验与实训"包括电工电路实验（电工实验、电路实验）、模拟电子技术实验、数字电子技术实验和电子实训两大类四大部分，是电类基础课程重要的实践性教学环节，主要任务是配合理论课程的教学，着重培养学生掌握电工电子技术实验基本技能以及应用电工基础理论分析解决实际问题能力。

1.1.2　课程的目的

实验是电类基础课程重要的实践性教学环节，通过学习电类实验的技术和方法，巩固和加深理解所学的知识，提高动手操作能力，树立严谨的科学作风。实验的主要目的是：

1．培养学生的基本实验技能，熟悉基本元器件，掌握常用电子仪器的正确使用方法，具备基本电路的设计、分析与制作方法，具有设计简单功能电路的能力；

2．培养理论联系实际，分析和解决实际问题的能力，巩固和加深所学到的基础理论知识，逐步培养敏锐的观察力，能够在实验中学会发现问题、分析问题并学习解决问题；

3．培养独立工作的能力，能够自行阅读与钻研实验教材和文献资料，掌握实验原理及方法，做好实验前的准备；

4．培养科学的思维方法，严谨的科学作风和实事求是的治学态度；

5．培养书写表达的能力，掌握科学与工程实践中的数据处理与分析方法，建立误差与不确定度的概念，正确记录和处理实验数据，绘制曲线，分析说明实验结果，撰写合格的实验报告，逐步培养科学技术报告和科学论文的写作能力；

6．养成安全用电、爱护公物的良好习惯，团结互助的优良品德。

1.1.3　一般要求

通过实验培养学生的动手能力、独力操作能力和创新能力，要求学生熟悉电子技术应用中常见的典型元器件的应用，要学会使用常用的电子仪器，掌握电子电路的分析、组装、调试、故障排除及设计的方法，掌握常用电子电路计算机辅助设计软件的使用方法。能够根据技术要求设计功能电路、小系统，从而培养学生分析和解决实际问题的能力。其具体要求如下。

1．熟悉常用电子元器件

电子元器件品种繁多且不断更新，要求学生根据自己的需要选择合适的元件并测试元件的好坏,并会用其他元器件替换。只有熟悉电子元器件的性能、用途、技术参数、使用方法、更换方法及典型应用,才能设计和制作出合格的电路。电子元器件手册提供了元器件技术参数,因此电类专业的学生必须学会如何查阅器件手册。通过各种器件手册,可以不断了解新的器件,有利于设计和制作电路以及维修电路,同时可以扩展知识,提高实践能力。

2. 熟练使用常用仪器

只有选择与实验电路特性相应的测试仪器,才可能取得正确的测量结果。对于电类学科的学生来说,正确调整和采用合理的测量方法使用电子仪器,是电类实验和科学研究的基础,也是培养学生实验能力的重要内容之一。常用电子仪器有示波器、信号发生器、万用表、稳压电源、频谱仪、失真度分析仪等。电子技术实验主要完成电压或电流的波形、频率、周期、相位、有效值、峰值、脉冲波形参数、失真度、频谱以及电子电路主要技术指标的测量。

3. 具备一定的电路组装与调试技能

电路的组装技术是电子电路实验的基本教学内容和必须掌握的一项基本技术,它直接影响电路的基本特性和安全性。正确的组装方法和合理的布局,不仅使电路整齐美观,而且能提高电路工作的可靠性,便于检查和排除故障。

准确地分析、寻找、排除故障而调试好电路,对从事电子技术及其有关领域工作的人员来说是不可缺少的基本技能。实验中出现故障是正常现象,并不是件无益的事情,在排除故障的过程中可以提高分析问题、解决问题的能力,找到改进实验的途径,并提高实验的兴趣。

4. 了解仿真工具的使用

掌握常用电子电路计算机辅助设计软件的使用方法,利用仿真软件能够根据技术要求设计功能电路、小系统。电子系统的计算机仿真已经成为电子工程技术人员的基本技术和工程素质之一。通过仿真实验教学,使学生掌握各种仿真软件的应用、具有的功能特点,学会电子电路现代化的设计方法。以电子计算机辅助设计为基础的电子设计自动化技术已经渗透到电子系统和专用集成电路设计的各个环节中。

5. 养成独立实验的习惯

通过实验,逐步培养学生独立解决问题的能力,独立完成相应的设计任务(查问资料、方案确定、元器件选择、仿真验证、安装调试),提高解决实际问题的能力。

6. 撰写实验报告

能够独立撰写出严谨、有理论分析、实事求是、文理通顺、字迹端正的实验报告,具有一定的处理数据和分析误差的能力。实验报告是实验课学习的重要组成部分。通过撰写实验报告,可为学生将来从事科学研究以及工程技术开发的论文撰写打好基础。

1.2　实验要求与规范

1.2.1　实验要求

1. 实验前认真预习,完成预习报告,预习报告应包括实验设计和实验步骤,未完成预习报告的同学不能参加实验；

2．实验中应按照正确的操作规程使用仪器和设备，记录观测的数据和现象，完成实验后应经指导教师验收结果；

3．实验后应认真完成实验报告，并将实验报告与预习报告和实验中记录的数据一起及时交给指导教师；

4．指导教师将根据学生实验前的预习情况，实验课上的表现，以及实验报告的完成情况来评定成绩。

1.2.2　实验规则

1．按时到达实验室上课，因故不能参加需事先请假，并申请调整实验时间；

2．进入实验室必须穿戴整齐，不允许穿拖鞋等进入实验室；

3．实验前检查实验台上的各类工具是否齐全，仪器是否工作正常等。如有异常，应立即向实验室管理老师报告；

4．严禁带电接线、拆线或改接线路；

5．接线完毕后，要认真复查，确信无误后，经教师检查同意，方可接通电源进行实验；

6．实验过程中如果发生事故，应立即关断电源，保持现场，报告老师；

7．实验完毕后，先由本人检查实验数据是否符合要求，然后再请教师检查，经教师认可后拆线，收拢仪器和工具，待老师检查后才能离开；

8．室内仪器设备不准随意搬动调换，非本次实验所用的仪器设备，未经教师允许不得动用。在弄懂仪表、仪器及设备的使用方法前，不得贸然使用。若损坏仪器设备，必须立即报告老师，作书面检查，责任事故要酌情赔偿；

9．实验过程中要严肃认真，保持安静、整洁的学习环境；

10．保持实验室的环境清洁。

1.2.3　学生实验手则

1．实验前认真预习，仔细阅读实验指导，复习有关理论，明确实验的目的、原理、方法、步骤和预期结果。

2．保持实验室安静，实验时应按实验指导和老师的要求操作，认真观察，仔细测试，如实记录，联系理论思考分析，不得抄袭他组的实验结果。

3．正确使用仪器设备，不准动用与本实验无关的仪器设备，未经老师同意，不得动用其他实验小组的器材。

4．使用计算机时不得使用与教学程序无关的软件，不得自行删除或添加程序及密码，否则后果由该实验小组负责。实验文件保存在"我的文档"中，实验结束后把保存的文件删除。

5．实验后整理实验记录，独立书写实验报告。

1.2.4　安全用电规则

安全用电是实验中必须高度重视的问题，为了在实验过程中，确保人身和设备安全，在做电类实验时，必须严格遵守下列安全用电规则：

1．接线、改接、拆线都必须在切断电源的情况下进行，即先接线后通电，先断电再拆线；

2．在电路通电情况下，人体严禁接触电路中不绝缘的金属导线或连接点等带电部位。万一遇到触电事故，应立即切断电源，进行必要的处理；

3．实验中，特别是设备刚投入运行时，要随时注意仪器设备的运行情况，如发现有超量程、过热、异味、异声、冒烟、火花等，应立即断电，并请老师检查；

4．实验时应精神集中，同组同学必须密切配合，接通电源前须通知同组同学以防止触电事故；

5．了解有关电器设备的规格、性能及使用方法，严格按额定值使用。注意仪表的种类、量程和连接使用方法，例如不得用电流表或万用表的电阻、电流挡测电压，功率表的电流线圈不能并联在电路中等；

6．为了确保仪器设备安全，在实验室电柜、实验台及各仪器中通常都安装有电源熔断器，应注意按规定的容量调换熔断器，切勿随意代用；

7．实验中不得随意扳动、旋转仪器面板上的旋钮和开关，需要使用时也不要用力过猛地扳动或旋转；

8．实验结束后应有条理地关闭各种仪器的电源，清理桌面，拔掉烙铁电源插头及各仪器面板上的控制旋钮放到正确的"准备"位置上。特别是万用表量程应置于空挡，如无空挡则应置于交流电压量程的最高挡，不应该置于电阻挡，更不应该置于电流挡。

1.3 实验步骤与报告

1.3.1 实验步骤

1．预习

实验前要认真阅读实验指导书，明确实验目的，了解实验原理、线路、方法和步骤，看懂（或自行拟定）实验电路图，搞清仪器设备的使用，对实验中要观察哪些现象、记录哪些数据做到心中有数，并备好记录表格。

验证型实验：首先，将实验内容所涉及的知识进行归类，在教科书上找到相应的部分，熟读，要重点掌握实验思路、实验原理、步骤。弄清各元器件的作用，查阅有关资料，对实验所用的元器件，根据器件手册查出所用器件的外部引脚排列、主要参数、功能等；对实验所用的仪器设备要了解清楚其功能、使用方法、注意事项和测试条件（需要输入的信号种类、频率、幅度等）。要具体计算出电路各项指标的理论值，或估计其输出结果并进行仿真分析，以便实验过程中随时将实验结果与理论值进行对比，为电路进一步调试打下基础。

设计型实验：要先进行电路设计，并写出设计思路、有关电路参数计算、选择具体步骤（包括实验电路的调试步骤和测试步骤），画出的电路图中的元器件符号要标准，参数要符合系列化标准值。在经过检索相关技术资料后，完成初步设计，采用仿真软件对设计方案进行仿真，验证正确后方可搭设电路。

2．实施实验

1）准备工作

到实验室后，应先认真听取指导教师对本次实验的说明，然后到指定的台位做好下列准备工作：

> 清点仪表设备是否齐全完好，并了解它们的使用方法；

> 做好本组同学之间的接线、操作、记录、监护等项工作的分工。

2）连接实验线路

在断开电源的情况下按实验电路接线。接线是很重要的一步，往往短路事故、仪表反偏、设备损坏，都是由这一步造成的。

一般先接主要的串联电路，然后再连接分支电路。连结要牢靠，所有仪表设备的布局及布线，要尽量做到安全、方便、整齐和减少相互影响。接线完成后，同组同学进行互检，确认无误后，报告指导教师复检。严禁未检查就接通电源！

3）接通实验电源

接通电源时要眼观全局，注意观察仪表设备有无异常，若有异常，立即切断电源，查出原因，排除故障，方可进行实验。

4）操作、观察、读取数据

> 操作前要做到心中有数、目的明确、胆大心细，并认真观察实验现象。应正确、完整、清楚地做好数据记录，这是实验的原始数据；

> 测试时，手不得接触测试笔或探头金属部位，以免影响测试结果；

> 对综合、设计型实验，先进行单元分级调试，再进行级联，最后进行整个系统的调试；

> 认真测量数据并观察现象，实事求是。交流测量时应注意所用仪器的频率范围是否符合要求；合理地选择测量仪器的量程，认真记录，将实验测得的数据和波形记录在实验者自己设计的表格之内，作为原始实验数据；

> 实验内容完成后，应立即分析实验数据，及时与理论分析结果加以比较，查看误差是否在 10%以内，如发现有较大差异，找出误差原因后，决定是否重新实验，或请指导教师共同查找原因，一般要先从电源电压值及连接是否正确开始，逐项检查各仪表、设备、元器件的位置、极性及连线是否正确，系统中所有仪表、设备、元器件的接地是否"共地"，从实验方法、数据读测的方法和正确性以及各种外界干扰等方面寻找原因，出错原因排除后重新测量；

> 实验中测量的原始数据应交指导教师检查，数据如果有误，需重新测量；教师检查数据正确并签字后，方可改接电路继续实验或最终拆除线路。

5）实验结束

> 实验结束后，先关掉仪器设备电源，拔线时手要捏住导线的底部，以防导线断开；

> 把仪器放置整齐，连接线归拢好，清点仪器设备，整理好实验台，并将实验元器件交给指导教师后，方可离开实验室；

> 当发生仪器设备损坏事故时，应及时报告指导数师，按有关实验管理规定处理；

> 安排值日生打扫卫生。

1.3.2 实验报告

实验完成后，实验者必须撰写实验报告。撰写实验报告的过程是对实验进行总结和提高的过程。通过这个过程可以加深对实验现象和内容的理解，更好地将理论和实际结合起来，这也是提高表达能力的重要环节，同时，撰写技术文件是工程技术人员应有的素质和能力。

1. 实验报告是考查学生学习态度和实验表现的重要依据，也是学生进行理论和实验知识复习的材料。电类基础课程实验，均要求每位学生独立完成实验报告。实验报告首页应正确填写班级、实验小组和姓名。实验报告应认真书写，字迹整洁；

2．实验报告中包括实验目的、实验结果和分析、实验结论、思考题等项目。要求结论简明且正确、分析合理、讨论深入、文理通顺、符号标准、字迹端正、图表清晰；

3．实事求是地对实验数据进行计算、绘图和误差分析。将实验结果与理论值或标称值进行比较，求出相对误差，要分析产生误差的原因并提出减少实验误差的措施。切忌不要为了接近理论数据，而有意修改原始记录；

4．针对实验中遇到的问题、出现的故障现象等，根据实验结果和实验方案进行分析，找出其中的原因，写出解决的过程、方法及其效果，总结实验的收获和体会；

5．认真书写实验报告，不得抄袭，不得借用其他小组的实验结果；

6．实验思考题相互讨论后独立完成；

7．实验报告送交指导老师评阅和点评。

第 2 章　电路实验

本章简要介绍了电路基本原理，通过设计具体电路进行测试分析，加深对电路定律、电路定理、电路原理的理解和应用。本章共包含 11 个实验项目，其中前 9 项为基础实验内容，后 2 项为设计性实验。可根据专业要求和课程教学要求因材施教，选择相关实验项目。

2.1　基尔霍夫定律

2.1.1　实验目的

1．加深对参考方向的理解和应用。
2．验证基尔霍夫定律的正确性，加深对基尔霍夫定律的理解和应用。

2.1.2　实验原理

1．基尔霍夫定律是电路理论中最基本，也是最重要的定律之一，它概括了电路电压、电流分别遵循的基本规律。

1）电路中任意时刻，流进和流出任意节点的电流的代数和等于零，即 $\sum I = 0$ （KCL）。KCL 规定了汇集于节点上各支路电流之间的约束关系，而与支路上元件的性质无关，不论元件是线性的或非线性的，含源的或无源的，时变的或时不变的等都适用。

2）电路中任意时刻，沿任一闭合回路电压降的代数和等于零，即 $\sum U = 0$ （KVL）。KVL 表明了任一闭合回路中各支路电压降必须遵守的约束关系。它是电压与路径无关的反应，它与 KCL 一样，只与电路的结构有关，而与支路中元件的性质无关。不论这些元件是线性的或非线性的，含源的或无源的，时变的或时不变的等都适用。

因此电路中各支路电流及各元件端电压，应分别满足基尔霍夫电流定律（KCL）和电压定律（KVL）。

2．图 2.1.1 为某含源网路中的一条支路 AB，在不知道该支路电压极性的情况下，电压表的正极和负极是分别接在 A 端和 B 端，还是相反？

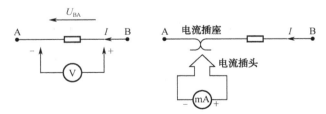

图 2.1.1　依据参考方向测量电压及电流示意图

因此，在测量之前应首先假定一个电压降的参考方向。设其方向由 B 指向 A，这就是电压参考方向。于是，根据设定的电压参考方向，如测量支路电压 U_{BA} 时，直流数字电压表的正极和负极应分别与 B 端和 A 端相连。

测量支路电流时，支路电流与支路电压取关联参考方向，并应将电流表串联接入该支路进行测量。

2.1.3 实验要点

任意时刻，同一回路内各部分电压之和为零；同一节点，电流之和为零。

2.1.4 实验内容

实验电路如图 2.1.2 所示。支路电流 I_1、I_2、I_3 的参考方向已设定，各回路绕行参考方向为：ADEFA、BADCB、FBCEF。将两路直流稳压电源对应接入电路，调节两路的输出值，设定 $U_1 = 12\text{V}, U_2 = 6\text{V}$，并使两路电源共同作用。

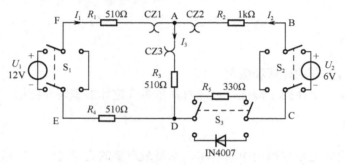

图 2.1.2 验证基尔霍夫定律实验电路

1. 将开关 S_3 投向电阻 $R_5(330\Omega)$ 一侧，组成一个线性电路。正确接入数字式直流电压表和直流电流表，用电压表和毫安表测量各支路电压值和电流值，将数据记入表 2.1.1 中。

表 2.1.1 验证线性电路基尔霍夫定律数据记录表

被测量	I_1 (mA)	I_2 (mA)	I_3 (mA)	U_1 (V)	U_2 (V)	U_{EA} (V)	U_{AC} (V)	U_{AD} (V)	U_{CD} (V)	U_{DE} (V)
测量值										
计算值										
相对误差										

2. 将图 2.1.2 中的电阻 $R_5(330\Omega)$ 切换成二极管 IN4007（即将开关 S_3 投向二极管一侧），在非线性电路的情况下，再次验证基尔霍夫定律是否依然成立，数据记入表 2.1.2 中。

表 2.1.2 验证非线性电路基尔霍夫定律数据记录表

被测量	I_1 (mA)	I_2 (mA)	I_3 (mA)	U_1 (V)	U_2 (V)	U_{EA} (V)	U_{AC} (V)	U_{AD} (V)	U_{CD} (V)	U_{DE} (V)
测量值										
计算值										

3. 将开关 S_3 投向电阻 $R_5(330\Omega)$ 一侧，组成线性电路；然后分别依次按下电路下方的三个故障设置按钮，进行相应必要的测量，测量数据记入表 2.1.3 中。

表 2.1.3　线性电路故障数据记录表

被测量	I_1 (mA)	I_2 (mA)	I_3 (mA)	U_1 (V)	U_2 (V)	U_{EA} (V)	U_{AC} (V)	U_{AD} (V)	U_{CD} (V)	U_{DE} (V)
故障 1										
故障 2										
故障 3										

4．课后分析与思考

1）根据表 2.1.1 中所测的实验数据，选择节点 A，验证线性电路中 KCL 的正确性；任意选取两个闭合回路，选取正方向，验证线性电路中 KVL 的正确性。画出相应的电路图，进行计算分析，并得出结论。

2）根据表 2.1.2 中所测的实验数据，选择节点 A，验证非线性电路中 KCL 的正确性；任意选取两个闭合回路，选取正方向，验证非线性电路中 KVL 的正确性。画出相应的电路图，进行计算分析，并得出结论。

3）根据表 2.1.3 的测量结果，分析判断出各种故障的具体原因及位置（以列表的形式）。

2.1.5　实验扩展

1．试将电源 U_1、U_2 位置互换，即 $U_1 = 6V$，$U_2 = 12V$，重新测量完成数据表 2.1.1、表 2.1.2，并进行计算、分析。

2．试将电压源 U_2 改换为电流源 I_2，设定 $U_1 = 6V$，$I_2 = 3mA$，重新测量完成数据表 2.1.1、表 2.1.2，并进行计算、分析。

2.2　叠加定理和齐次定理

2.2.1　实验目的

1．验证线性电路中叠加定理和齐次定理的正确性。
2．加深对线性电路的叠加性和齐次性的认识和理解。

2.2.2　实验原理

1．在线性电路中，叠加性是指任意一条支路的电流或电压等于电路中各个独立电源单独作用时，在该支路所产生的电流或电压的代数和。即：在有多个独立电源共同作用的线性电路中，各元件的电流或端电压，可以看成是由每个独立源单独作用时在该元件上产生的电流或电压的代数和。

2．在线性电路中，齐次性是指当激励信号（独立电源的输出）增加或减少 K 倍时，电路中各处的响应（即各电阻元件上的电流和电压）也将相应地增加或减少 K 倍。

2.2.3　实验要点

在线性电路中，多电源所产生的总响应，等于这些电源单独作用所产生的分响应之和。

2.2.4 实验内容

实验电路如图 2.2.1 所示。支路电流 I_1、I_2、I_3 的参考方向已设定，各回路绕行方向为：ADEFA、BADCB、FBCEF，将开关 S_3 投向电阻 R_5(330Ω) 一侧，组成一个线性电路。

1. 将两路直流电源接入电路，调节两路的输出值，使 $U_1 = 12V$，$U_2 = 6V$ 并共同作用。用数字毫安表和数字电压表分别测量各支路电流及各支路电压值，数据记入表 2.2.1 中。

2. 使电源 $U_1 = 12V$ 并单独作用（开关 S_2 投向短路侧），用数字毫安表和数字电压表分别测量各支路电流及各支路电压值，数据记入表 2.2.1 中。

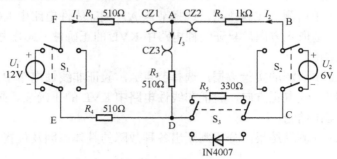

图 2.2.1   验证叠加定和理齐次定理实验电路

3. 设定电源 $U_2 = 6V$ 并单独作用（开关 S_1 投向短路侧）。用数字毫安表和数字电压表分别测量各支路电流及各支路电压值，测量数据记入表 2.2.1 中。

4. 现将电源 U_2 增加成 $2U_2$（即将电源 U_2 输出值调至 12V）并单独作用，测量各支路电流及各支路电压值，测量数据记入表 2.2.1 中。

表 2.2.1   验证线性电路叠加性和齐次性数据记录表

被测量	I_1 (mA)	I_2 (mA)	I_3 (mA)	U_1 (V)	U_2 (V)	U_{EA} (V)	U_{AC} (V)	U_{AD} (V)	U_{CD} (V)	U_{DE} (V)
U_1、U_2 共同作用										
U_1 单独作用										
U_2 单独作用										
$2U_2$ 单独作用										

5. 将图 2.2.1 中的电阻 R_5(330Ω)切换成二极管 IN4007，在非线性电路的情况下，先设定 $U_1 = 12V$，$U_2 = 6V$，再次验证叠加性和齐次性是否成立，测量数据记入表 2.2.2 中。

表 2.2.2   非线性电路数据记录表

被测量	I_1 (mA)	I_2 (mA)	I_3 (mA)	U_1 (V)	U_2 (V)	U_{EA} (V)	U_{AC} (V)	U_{AD} (V)	U_{CD} (V)	U_{DE} (V)
U_1、U_2 共同作用										
U_1 单独作用										
U_2 单独作用										
$2U_2$ 单独作用										

6．课后分析与思考

1）根据表 2.2.1 中所测的实验数据，画出相应的电路图，计算分析电阻 R_1、R_2 的端电压、电流，验证电路中的叠加性和齐次性是否成立；计算分析电阻 R_1、R_2 上所消耗的功率，验证功率能否用叠加定理计算得出？并给出结论。

2）根据表 2.2.2 中所测的实验数据，画出相应的电路图，计算分析电阻 R_1、R_2 的端电压、电流，验证电路中的叠加性和齐次性是否成立；计算分析电阻 R_1、R_2 上所消耗的功率，验证功率能否用叠加定理计算得出？并给出结论。

3）根据计算分析，归纳总结出叠加定理的使用条件和适用范围分别是什么？在验证叠加定理时，如果电源的内阻不能忽略，实验该如何进行？

2.2.5　实验扩展

1．试将电源 U_1、U_2 互换，即设定 $U_1 = 6\text{V}$，$U_2 = 12\text{V}$，重新测量完成数据表 2.2.1、表 2.2.2，并进行验证、分析。

2．试将电压源 U_2 改换为电流源 I_2，设定 $U_1 = 6\text{V}$，$I_2 = 3\text{mA}$，重新测量完成数据表 2.2.1、表 2.2.2，并进行验证、分析。

2.3　戴维南定理和诺顿定理

2.3.1　实验目的

1．验证戴维南定理和诺顿定理的正确性，加深对该定理的理解和应用。
2．掌握测量线性有源二端网络等效参数的一般方法。

2.3.2　实验原理

1．任何一个线性含源网络 N_S，如果仅研究其中一条支路的电压和电流，则可将电路的其余部分看作是一个有源二端网络（或称为线性含源单端口网络）。

戴维南定理指出，任何一个线性有源网络 N_S，总可以用一个电压源 U_S 与一个电阻 R_0 的串联来等效代替；此时电压源的电动势 U_S 等于这个有源二端网络端口的开路电压 U_{OC}，其内阻 R_0 等于该网络 N_S 内所有独立源均置零（理想电压源视为短路，理想电流源视为开路）时的等效电阻 R_{eq}，如图 2.3.1 所示。

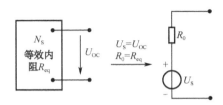

图 2.3.1　戴维南定理等效变换示意图

诺顿定理指出，任何一个线性有源网络 N_S，总可以用一个电流源 I_S 与一个电导 g_0 的并联组合来等效代替，此电流源的电流 I_S 等于该有源二端网络的短路电流 I_{SC}，其电导 g_0 等于该网络内所有独立源均置零（理想电压源视为短路，理想电流源视为开路）时的输入电导。如

图 2.3.2 所示。

U_{OC}（U_{s}）和 R_{0} 或者 I_{sc}（I_{s}）和 g_{0} 称为有源二端网络的等效参数。

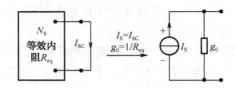

图 2.3.2　诺顿定理等效变换示意图

2．对于有源二端网络等效参数的测定，有下面四种常用的方法。

1）开路电压、短路电流法测 R_{0}。在有源二端网络输出端开路时，用电压表直接测量其输出端的开路电压 U_{OC}；然后再将其输出端短路，用电流表测量其短路电流 I_{sc}，则等效内阻为 $R_{0}=U_{OC}/I_{sc}$。

如果二端网络的内阻很小时，若将其输出端口短路，则易损坏其内部元件，因而此时不宜采用该方法。

2）端口伏安法测 R_{0}。用电压表、电流表测出有源二端网络的外特性，根据外特性曲线求出斜率 $\tan\varphi$，则等效内阻 $R_{0}=\tan\varphi=\Delta U/\Delta I=U_{OC}/I_{sc}$。

也可以先测量开路电压 U_{OC}，再测量电流为额定值 I_{N} 时的输出端电压值 U_{N}，则内阻 $R_{0}=(U_{OC}-U_{N})/I_{N}$。

3）半电压法测 R_{0}。如图 2.3.3 所示。当负载电压为被测网络开路电压的一半时，负载电阻（由电阻箱的读数确定）即为被测有源二端网络的等效内阻值。

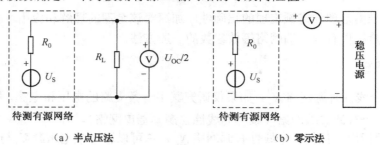

（a）半点压法　　　　　　　　　（b）零示法

图 2.3.3　半点压法及零示法原理电路

也可以用万用表电阻挡直接在二端网络端口测量其等值内阻 R_{0}，不过此时应将含源二端网络内的所有独立源置零（理想电压源视为短路，理想电流源视为开路）。

4）零示法测有源二端网络开路电压 U_{OC}。在测量具有高内阻有源二端网络的开路电压时，用电压表直接测量会造成较大的误差。为了消除电压表内阻的影响，往往采用零示测量法，如图 2.3.3 所示。

零示法测量原理是用一低内阻的稳压电源与被测有源二端网络进行比较，当稳压电源的输出电压与有源二端网络的开路电压相等时，电压表的读数将为"0"。然后将电路断开，测量此时稳压电源的输出电压，即为被测有源二端网络的开路电压 U_{OC}。

与零示法类似的还有补偿法。该方法采用检流计以及补偿电路进行测量，因此测量结果也更加准确。

2.3.3 实验要点

任意一个含源电路网络都可以用一个电源和电阻来表示。

2.3.4 实验内容

1. 用开路电压、短路电流法测定 U_{OC}、I_{SC} 并计算 R_0。

被测线性有源二端网络如图 2.3.4 所示。按图 2.3.4 接入稳压电源 $U_S = 6V$ 和恒流源 $I_S = 5mA$。不接入负载 R_L，分别测出端口开路电压 U_{OC}（不接入毫安表），端口短路电流 I_{SC}（不接入电压表），并计算出 R_0（保留一位小数）。测量和计算结果记入表 2.3.1 中。

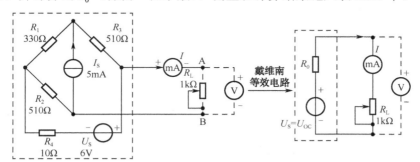

图 2.3.4 含源线性网路及负载实验电路　　图 2.3.5 戴维南等效电路

表 2.3.1 测量和计算 R_0 数据记录表

U_{OC}(V)	I_{SC}(mA)	$R_0 = U_{OC}/I_{SC}(\Omega)$

2. 负载实验（即测定有源二端网络外特性曲线）。

按图 2.3.4 接入负载 R_L，改变负载 R_L 的值，使得负载 R_L 端电压 U_L 为表中所示各值，测量相对应的负载电流 I_L，数据记入表 2.3.2 中。

表 2.3.2 负载实验数据记录表

U (V)	1.0	1.5	2.0	2.5	3.0	3.5	4.0	4.5	5.0
I(mA)									

3. 验证戴维南定理（即构成戴维南等效电路并测量等效电路的外特性）。

1）将十进位电阻箱用作等效电路的内阻 R_0，使电阻箱的设定值为计算出的 R_0 之值。

2）调节稳压电源的输出使其等于已测知的 U_{OC} 之值。

3）按图 2.3.5 所示电路接线，改变负载 R_L 的值，使得负载电压 U_L 为表中所示各值，测量相应的负载电流 I_L，测量数据记入表 2.3.3 中。

表 2.3.3 验证戴维南定理数据记录表

U (V)	1.0	1.5	2.0	2.5	3.0	3.5	4.0	4.5	5.0
I(mA)									

4. 验证诺顿定理，测定诺顿等效电路的外特性。

1）将十进位电阻箱用作等效电路的内阻 R_0，使电阻箱的取值为计算出的 R_0 之值。

2）调节直流恒流源的输出并使其等于 I_{SC} 的值，将恒流源与电阻箱并联。

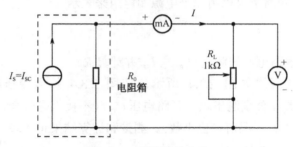

图 2.3.6　诺顿等效电路

3）按图 2.3.6 所示电路接线，改变负载 R_L 的值，使得负载电压 U_L 为表中所示各值，测量相应的负载电流 I_L，测量数据记入表 2.3.4 中。

表 2.3.4　验证诺顿定理数据记录表

U(V)	1.0	1.5	2.0	2.5	3.0	3.5	4.0	4.5	5.0
I(mA)									

5. 有源二端网络等效电阻（又称输入电阻）的直接测量法。

将待测有源二端网络内部的所有独立电源置零。即先去掉电流源 I_S 和电压源 U_S，并在原接入电压源的两插孔端用一条导线将其相连（即电压源视为短路，电流源视为开路）。然后直接用万用表的欧姆挡去测定负载 R_L 开路时 A、B 两点间的电阻，或用伏安法测量和计算出含源二端网络的等效内阻 $R_0(R_{eq})$，此即被测有源二端网络的等值内阻 $R_0(R_{eq})$，或称有源二端网络的入端电阻 R_i。

6. 用半电压法和零示法测量有源二端网络等效内阻 $R_0(R_{eq})$ 及其开路电压 U_{OC}。实验电路参考图 2.3.3（a）和图 2.3.3（b）自行搭接，测量数据记入表 2.3.5 中。

表 2.3.5　半电压法和零示法数据记录表

开路电压 U_{OC}(V)	等效内阻 $R_0(R_{eq})(\Omega)$

7. 课后分析与思考

1）说明测量有源二端网络开路电压 U_{OC} 及等效内阻 $R_0(R_{eq})$ 的几种方法，并以列表的形式比较其优缺点。

2）根据已知线性有源二端网络的元件参数，计算求得 U_{OC} 和 R_{eq}，再根据实验内容 2 所测数据，在坐标纸上绘制线性有源二端网络的外特性曲线，计算 U_{OC} 和 R_{eq}，并与测量结果进行比较。

3）根据实验内容 3、4，分别在坐标纸上绘制它们的外特性曲线，计算出每一组的 R_{eq}，进行分析比较，验证戴维南定理和诺顿定理的正确性，并分析产生误差的主要原因。

2.3.5 实验扩展

1. 试将两种电源 U_S、I_S 位置互换，保持 $U_S = 6V$，$I_S = 5mA$，极性连接均不变，重新测量戴维南等效电路和诺顿等效电路，并进行计算、分析。

2. 现保持电压源 $U_S = 6V$ 连接不变，试将电流源 $I_S = 5mA$ 的正负极反接，重新测量戴维南等效电路和诺顿等效电路，并进行计算、分析。

2.4 一阶 RC 电路的响应

2.4.1 实验目的

1. 测定一阶 RC 电路的零输入响应、零状态响应及完全响应。
2. 学习使用示波器观测和分析电路的响应，掌握电路时间常数的测量方法。
3. 掌握有关微分电路和积分电路的概念，研究方波激励时，一阶 RC 电路响应的基本规律和特点。

2.4.2 实验原理

1. RC 过渡过程是动态的单次变化过程。要用普通示波器观察过渡过程和测量有关的参数，就必须使这种单次变化的过程重复出现。为此，我们利用信号发生器输出的方波来模拟阶跃激励信号，即利用方波输出的上升沿作为零状态响应的正阶跃激励信号；利用方波的下降沿作为零输入响应的负阶跃激励信号。只要选择方波的重复周期远大于电路的时间常数 τ，那么电路在周期性的方波脉冲信号的激励下，它的响应就和直流电接通与断开的过渡过程基本相同。

2. 图 2.4.1（b）所示的 RC 一阶电路的零输入响应和零状态响应分别按指数规律衰减和增长，其变化的快慢决定电路的时间常数 τ，τ 是反映电路过渡过程快慢的物理量，τ 越大，暂态响应所持续的时间越长，即过渡过程的时间越长，反之，τ 越小，过渡过程的时间越短。

3. 测定时间常数 τ，用示波器测量零输入响应的波形，如图 2.4.1（a）所示。根据一阶微分方程的求解得知：$U_C = U_m e^{-t/RC} = U_m e^{-t/\tau}$。当 $t = \tau$ 时，$U_C(\tau) = 0.368 U_m$。此时所对应的时间就等于 τ。亦可用零状态响应波形增加到 $0.632 U_m$ 所对应的时间测得，如图 2.4.1（c）所示。

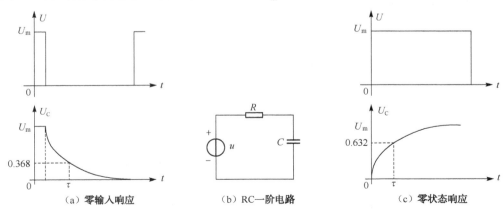

（a）零输入响应　　　　（b）RC 一阶电路　　　　（c）零状态响应

图 2.4.1　RC 一阶电路充放电过程示意图

4. 微分电路和积分电路是 RC 过渡过程中较为典型的电路，它对电路元件参数和输入信号的周期有着特定的要求。对于一个简单的 RC 串联电路，在方波脉冲的重复激励下，当满足 $\tau=RC \ll T/2$ 时（T 为方波脉冲的重复周期），且由 R 两端的电压作为响应输出，则该电路是一个微分电路。因为此时电路的输出信号电压与输入信号电压的微分成正比，如图 2.4.2（a）所示。利用微分电路可以将输入方波变换成正负尖脉冲输出。

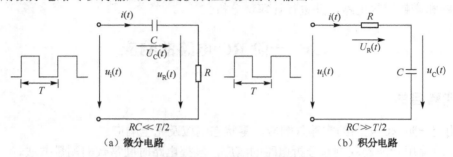

（a）微分电路   （b）积分电路

图 2.4.2　微分电路及积分电路实验电路

在图 2.4.2（a）中，根据 KVL 及元件特性，有 $u_i(t)=u_C(t)+u_R(t)$，其中 $u_R(t)=R \cdot i(t)$，$i(t)=C\dfrac{\mathrm{d}u_C(t)}{\mathrm{d}t}$。如果电路元件 R 与 C 的参数选择满足关系：$u_C(t) \gg u_R(t)$，则 $u_i(t) \approx u_C(t)$，那么：

$$u_R(t)=R \cdot i(t)=RC\frac{\mathrm{d}u_C(t)}{\mathrm{d}t}=RC\frac{\mathrm{d}u_i(t)}{\mathrm{d}t}$$

即输出电压 $u_R(t)$ 与输入电压 $u_i(t)$ 成近似微分关系。

若将图 2.4.2（a）中的 R 与 C 位置调换，如图 2.4.2（b）所示，由 $u_C(t)$ 作为响应输出，当电路的参数满足 $\tau=RC \gg T/2$，则该 RC 电路称为积分电路。因为此时电路的输出信号电压与输入信号电压的积分成正比。利用积分电路可以将输入方波变换成三角波输出。

在图 2.4.2（b）所示电路中，如果 $u_C(t) \ll Ri(t)$，也就是使时间常数 $\tau=RC \gg T/2$，则可近似地认为 $Ri(t) \approx u_i(t)$，此时输出电压：

$$u_C(t)=\frac{1}{C}\int_{-\infty}^{t}i(\zeta)\mathrm{d}\zeta=\frac{1}{RC}\int_{-\infty}^{t}u_i(\zeta)\mathrm{d}\zeta$$

即输出电压与输入电压呈积分关系。从输入输出波形来看，上述两个电路均起着波形变化的作用，请在实验过程仔细观察与记录。

2.4.3　实验要点

电路的响应由其结构和参数决定。

2.4.4　实验内容

1. 选取 $R=10\text{k}\Omega$，$C=6800\text{pF}$，组成如图 2.4.2（b）所示的 RC 充放电电路。$u_i(t)$ 为脉冲信号发生器（或功率函数信号发生器）输出的方波电压信号，调节使方波电压信号的 $U_m=3\text{V}$，$f=1\text{kHz}$，并通过两根同轴电缆线，将激励源 $u_i(t)$ 和响应 $u_C(t)$ 的信号分别连至双踪示波器的两个输入接口 Y_A 和 Y_B。

2. 将示波器屏幕上观测到的激励与响应的波形，在坐标纸上按 1∶1 的比例描绘出响应一个完整周期的波形，并读取测算出时间常数 τ。

3．少量地改变电容值使 $C=0.01\mu\text{F}$，定性地观察对响应的影响，记录观测到的波形。在坐标纸上按 1∶1 的比例绘制出响应三个完整周期的波形，并标注幅值。

4．使 $R=10\text{k}\Omega$，$C=0.1\mu\text{F}$，定性地观察电容增大对响应的影响，观测并在坐标纸上按 1∶1 的比例绘制出激励与响应三个完整周期的波形，并标注出幅值。

5．使 $C=0.01\mu\text{F}$，$R=1\text{k}\Omega$，组成如图 2.4.2（a）所示的微分电路。在同样的方波激励信号（$U_\text{m}=3\text{V}$，$f=1\text{kHz}$）作用下，观测并在坐标纸上按 1∶1 的比例绘制出激励与响应的波形，并标注出幅值。

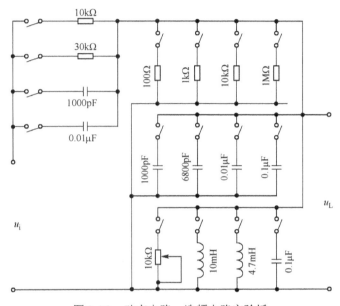

图 2.4.3　动态电路、选频电路实验板

附 1：过渡过程的典型应用。

图 2.4.4 是一个 RC 过渡过程的应用实例（其中 BT 为单结晶体管）。 首先电源通过 R_3、R_4 向电容 C 充电，当 U_C 增加到 U_P（单结晶体管 BT33 的峰值电压）值时，BT33 便导通；此时 C 通过 EB_1 和电阻 R_1 放电，由于 $R_1 \ll R_3 + R_4$，所以 τ 放电，远远小于 τ 充电，待 U_C 降到 U_v（单结晶体管 BT33 的谷点电压）值时，EB_1 断开，C 又重新开始新一轮的充电，如此周而复始，便在电容器 C 两端形成一系列锯齿波电压，在电阻 R 两端形成一系列尖脉冲。其波形如图 2.4.5 所示。

附 2：测定 RC 充放电曲线及计算时间常数 τ

在没有示波器以及电容器较大时，亦可采用以下方法测定 RC 串联电路的充放电曲线。如图 2.4.6 所示的电路，当接通直流电源时，（若电容器事先未充电）则电容器两端的电压为 $U_\text{C}=E(1-\text{e}^{-t/T})$，电路中的电流为 $i=(E/R)\text{e}^{-t/T}$。

图 2.4.7 是电容 C 对电阻放电的电路，首先将开关 K 闭合，使电容 C 充电至 E 伏，然后切断开关，于是电容就通过电阻放电。此时电容两端的电压为 $U_\text{C}=E\text{e}^{-t/T}$，电路中的电流为 $i=(E/R)\text{e}^{-t/T}$。

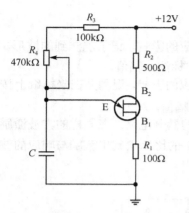

图 2.4.4　RC 过渡过程应用实例

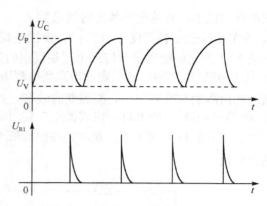

图 2.4.5　电容 C 及电阻 R_1 上的波形

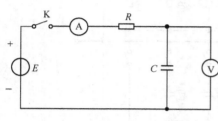

图 2.4.6　RC 充电电路

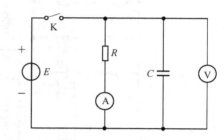

图 2.4.7　RC 放电电路

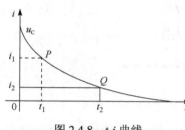

图 2.4.8　t-i 曲线

显然，无论是充电还是放电，只要记下不同时刻的电压或电流，就可以做出 U-t 和 i-t 曲线。RC 串联电路的时间常数，可由 $\tau=RC$ 计算得到，也可在 t-i 曲线上任意选择两点，如图 2.4.8 所示的 $P(i_1, t_1)$ 和 $Q(i_2, t_2)$，利用关系

$$\tau = \frac{t_2 - t_1}{\ln \dfrac{i_1}{i_2}}$$

计算出电路的时间常数,根据 τ 亦可计算出电路的参数 C 或者 R。

6. 课后分析与思考

1）已知 RC 一阶电路 $R=10\text{k}\Omega$，$C=0.1\mu\text{F}$，试根据理论计算时间常数 τ，并与根据响应 $u_C(t)$ 曲线测得时间常数 τ 值结果作比较，分析误差原因。

2）根据实验观测结果，归纳、总结积分电路和微分电路的形成条件，阐明输出（响应）波形变换的特征。

2.4.5　实验扩展

1. 试增减 R 之值，定性地观察对响应的影响，当 R 的值增至 1MΩ 时，输入输出波形有何本质上的区别？

2. 试选取 $R=10\text{k}\Omega$，$C=0.1\mu\text{F}$，再先后分别增加接通 10kΩ 的电位器并改变阻值，及 0.1μF 的电容，观察波形，并进行总结。

3. 试选取 $R=10\text{k}\Omega$，$L=10\text{mH}$ 组成一阶 RL 电路，观察其全响应波形，并与一阶 RL 电路进行比较，并进行总结。

2.5 R、L、C 元件的阻抗特性

2.5.1 实验目的

1. 了解 R、L、C 元件阻抗与频率的关系，测定它们的频率特性曲线。
2. 加深理解正弦交流电路中，电压与电流的波形以及各元件的电压与电流的相位关系。

2.5.2 实验原理

1. 在正弦交流信号作用下，R、L、C 电路元件在电路中的抗流作用与信号的频率有关，即它们的阻抗是频率的函数，它们的频率特性 $R{\sim}f$、$X_L{\sim}f$、$X_C{\sim}f$ 曲线如图 2.5.1 所示。
2. 图 2.5.2 是测量元件阻抗频率特性的常用电路。

图中 r 是测量回路电流用的标准小电阻，亦称采样电阻。由于 r 的阻值远远小于被测元件的阻抗值，因此可以认为 AB 之间的电压就是被测元件 R、L、C 两端的电压；由于流过采样电阻 r 的电流与 U_r 同相位，因此被测元件的电流可由 r 两端的电压除以 r 得到。

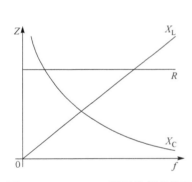

图 2.5.1 R、L、C 的阻抗频率特性

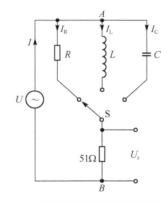

图 2.5.2 元件阻抗频率特性测量电路

用双踪示波器观察 r 与被测元件两端的电压，则会观察到被测元件两端的电压和流过该元件电流的波形，从而通过示波器测出该元件的电压与电流的幅值及它们之间的相位差。

1）将元件 R、L、C 串联或并联连接，亦可用同样的方法得到串联或并联后的阻抗频率特性 $Z{\sim}f$，根据电压、电流的相位差，亦可判断此时的阻抗是感性还是容性负载。

2）元件的阻抗角（即相位差 φ）随输入信号的频率变化而改变，亦即频率的函数。将各个不同频率下的相位差画在以频率 f 为横座标、阻抗角 φ 为纵座标的座标纸上，并用光滑的曲线连接测量点，即可得到阻抗角的频率特性曲线。

可以通过双踪示波器显示的元件电压与电流波形图测量阻抗角，如图 2.5.3 所示。从荧光屏上数得一个周期占 n 格，相位差占 m 格，则实际的相位差 φ（阻抗角）为：

$$\varphi = m \times \frac{360^{\circ}}{n} \quad （度）$$

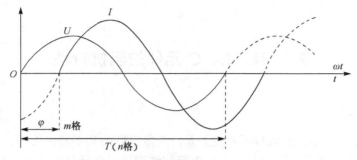

图 2.5.3　元件电压与电流波形图

2.5.3　实验要点

电抗性元件的特性与所通过的信号频率相关。

2.5.4　实验内容

1．分别测量 R、L、C 元件的阻抗频率特性。将信号发生器输出的正弦信号接至如图 2.5.2 所示的电路，作为激励源 u，用交流毫伏表测量信号发生器的输出，使激励（输出）电压的有效值为 $U_{\mathrm{m}} = 3\mathrm{V}$，并保持不变。

2．按表 2.5.1 使信号源的输出频率从 500Hz 逐渐有规律增加，并使开关 S 分别接通 $R = 1\mathrm{k}\Omega$、$L \approx 10\mathrm{mH}$、$C = 1\mu F$，$r = 51\Omega$，用交流毫伏表测量 U_{r}（交流毫伏表属于高阻抗电表，每次测量前必须调零）。并计算各频率点时的 I_{R}、I_{L} 和 I_{C}（即 U_{r}/r）以及 $R = U/I_{\mathrm{R}}$、$X_{\mathrm{L}} = U/I_{\mathrm{L}}$、$X_{\mathrm{C}} = U/I_{\mathrm{C}}$ 之值。

3．用双踪示波器观察在不同频率下各元件电压与电流波形图（在接通电容 C 测试时，信号源频率控制在之间 200～2500Hz），按图 2.5.3 记录 n 和 m 并计算 φ。

注：测量 φ 时，示波器的"V/div"和"t/div"的微调旋钮应旋至"校准位置"。

4．测量 R、L、C 三个元件串联的阻抗角频率特性。

表 2.5.1　测量数据记录表

F/Hz	U_{r}/R	U_{r}/L	U_{r}/C	I_{R}	I_{L}	I_{C}	$R(\Omega)$	$X_{\mathrm{L}}(\Omega)$	$X_{\mathrm{C}}(\Omega)$	φ_{R}	φ_{L}	φ_{C}
（R/L）500												
（C）500												
1500												
1000												
2500												
1500												
3500												
2000												
4500												
2500												
5500												

5．课后分析与思考

1）根据实验数据，在坐标纸上分别描绘出 R、L、C 三个元件的阻抗频率特性曲线，并总结、归纳出结论。

2）根据实验数据，在坐标纸上描绘出 R、L、C 三个元件串联电路的阻抗角频率特性曲线，并总结、归纳出结论。

3）实验测量 R、L、C 各个元件的阻抗角时，为什么要与它们串联一个小电阻？

2.5.5 实验扩展

1．试用一个小电感 L 代替 r，在示波器上观察 R、L、C 三个元件的阻抗角频率特性曲线，并总结是否可行。

2．试用一个大电容 C 代替 r，在示波器上观察 R、L、C 三个元件的阻抗角频率特性曲线，并总结是否可行。

2.6 交流电路等效参数

2.6.1 实验目的

1．掌握用"三表法"测量元件的交流等效参数的方法。

2．掌握单相功率表的接法和使用。

3．掌握无源二端网络阻抗性质的判别方法

2.6.2 实验原理

1．交流电路元件的等值参数 R、L、C 可以用交流电压表、交流电流表和功率表分别测量出元件两端的电压 U、流过该元件的电流 I 和它消耗的功率 P，然后通过计算得到。这种方法称为"三表法"。"三表法"是测量50Hz频率交流电路参数的基本方法。

如被测元件是一个电感线圈，则由关系：$|Z| = \dfrac{U}{I}$ 和 $\cos\varphi = \dfrac{P}{UI}$，可得其等值参数为：

$$r = |Z|\cos\varphi, \quad L = \frac{X_L}{\omega} = \frac{|Z|\sin\varphi}{\omega}$$

同理，如被测元件是一个电容器，可得其等值参数为：

$$r = |Z|\cos\varphi, \quad C = \frac{1}{\omega X_C} = \frac{1}{\omega|Z|\sin\varphi}$$

2．电抗性质的判别方法。如果被测的不是一个元件，而是一个无源一端口网络，虽然从 U、I、P 三个量，可得到该网络的等值参数为：$R = |Z|\cos\varphi$，$X = |Z|\sin\varphi$。但不能从 X 的值判断它是等值容抗，还是等值感抗，或者说无法知道阻抗角的正负。为此，可采用以下方法进行判断。

1）采用并联电容法，可在被测无源网络端口（入口处）并联一个适当容量的小电容 C'。在一端口网络的端口处并联一个小电容 C'，若小电容 $C' < \dfrac{2\sin\varphi}{\omega|Z|}$，视其总电流的增减来判断，若总电流增加为容性，总电流减少为感性。图 2.6.1（a）中，Z 为待测无源网络的阻抗，C' 为

并联的小电容。图 2.6.1（b）是（a）的等效电路，图中 G、B 为待测无源网络的阻抗 Z 的电导和电纳，B' 为并联小电容 C' 的电纳。在端电压有效值不变的条件下，按下面两种情况进行分析：

① 设 $B + B' = B''$，若 B' 增大，B'' 也增大，则电路中电流 I 将单调地上升，故可判断 B 为容性。

② 设 $B + B' = B''$，若 B' 增大，而 B'' 先减少而后再增大，电流 I 也是先减少后上升，如图 2.6.2 所示，则可判断 B 为感性。

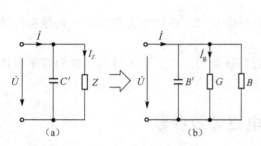
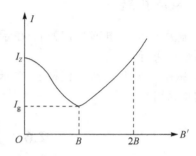

图 2.6.1　阻抗与导纳变换示意图　　　图 2.6.2　感性负载并联电容后电流变化示意图

由以上分析可见，当 B 为容性时，对并联小电容的值 C' 无特殊要求；而当 B 为感性时，$B' < |2B|$ 才有判定为感性的意义；当 $B' > |2B|$ 时，电流单调上升，与 B 为容性时相同，并不能说明电路是感性的。因此，$B' < |2B|$ 是判断电路性质的可靠条件。由此得判定条件为：

$$C' < \left| \frac{2B}{\omega} \right|，\text{即 } C' < \frac{2\sin\varphi}{\omega|Z|}。$$

2）采用串联即电容法，在被测无源网络的入口串联一个适当容量的电容 C'。若被测网络的端电压下降，则判为容性电路；反之，若端电压上升，则为感性电路。判定条件为：$\frac{1}{\omega C'} < |2X|$，式中 X 为被测网络的电抗，C' 为串联的电容。

3）用"三压法"测 φ，可进行判断。在原一端口网络入口处串联一个电阻 r，如图 2.6.3（a）所示，向量如图 2.6.3（b）所示，由图可得 r、Z 串联后阻抗角 φ 为：

$$\cos\varphi = \frac{U^2 - U_r^2 - U_z^2}{2 U_r U_z}$$

测得 U、U_r、U_z 即可求得 φ。

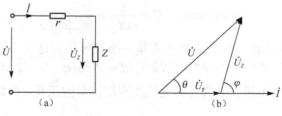

图 2.6.3　"三压法"示意图

2.6.3　实验要点

电抗性元件的特性与所通过的信号频率相关，利用它可以确定这些电抗性元件的参数。

2.6.4 实验内容

1．按图 2.6.4 接线，并经指导教师检查后，方可接通交流电源。

2．分别用交流电压表、交流电流表测量 25W 白炽灯（用作电阻 R）、30W 日光灯镇流器（用作电感 L）和 4.7μF（电容器 C）的电压、电流、功率，并计算出其等值参数。

3．测量 L、C 串联与并联后的的电压、电流、功率，计算出其等值参数。（测量数据记入表 2.6.1 中）

4．验证用串联、并联小电容 C′ 的方法判断负载性质的正确性。实验电路如图 2.6.4 所示，但不需要接功率表，并按表 2.6.2 的内容进行测量和记录。

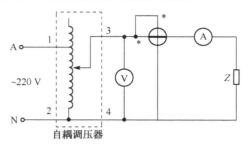

图 2.6.4　"三表法"测量电路

表 2.6.1　"三表法"测量数据记录表

被测阻抗 Z	测量值				计算值		电路等值参数		
	U（V）	I（A）	P（W）	$\cos\varphi$	Z（Ω）	$\cos\varphi$	R（Ω）	L（mH）	C（μF）
25W 白炽灯	100								
电感线圈 L	100								
电容器 C	100								
L 与 C 串联	100								
L 与 C 并联	100								

表 2.6.2　"串联电容法"和"并联电容法"数据记录表

被测元件	串联 4.7μF 电容		并联 4.7μF 电容	
	串前端电压（V）	串后端电压（V）	并前电流（A）	并后电流（A）
R（三只 25W 白炽灯）	100			
C（4.7μF）	100			
L（日光灯镇流器）	100			

5．课后分析与思考

1）计算各元件等效参数值，将结果填入表 2.6.1 中。

2）在50Hz的交流电路中，现已测得一只铁心线圈的 P、I 和 U，如何算出它的阻值及电感量？

2.6.5 实验扩展

1．如何用串联电容 C' 的方法来判别阻抗的性质？试用电流 I 随 $X_{C'}$（串联容抗）的变化作定性分析，证明：串联电容 C' 时，C' 应满足条件：$\dfrac{1}{\omega C'} < |2X|$。

2．试用串联、并联电感 L' 的方法，分析研究是否能够判定电路阻抗性质？并给出结论。

2.7 RLC 串联谐振电路

2.7.1 实验目的

1．学习测定 R、L、C 串联电路的频率特性曲线。
2．加深对串联谐振电路特性的理解。
3．掌握串联谐振电路品质因数 Q 值的测量方法。

2.7.2 实验原理

1．R、L、C 串联电路的阻抗是电源频率的函数，在图 2.7.1 所示的 R、L、C 串联电路中，当正弦交流信号源的频率 f 改变时，电路中的感抗、容抗随之而变，电路中的电流也随 f 而变，取电阻 R 上的电压 U_0 作为响应，当输入电压 U_i 的幅值维持不变时，在不同频率的信号激励下，测出 U_0 之值，然后以 f 为横坐标，以 U_0/U_i 为纵坐标（因为 U_i 不变，故也可直接以 U_0 为纵坐标），绘出光滑的曲线，此即幅频特性曲线，亦称谐振曲线，如图 2.7.2 所示。

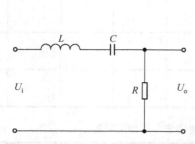

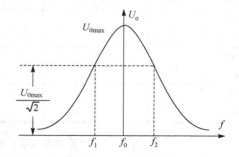

图 2.7.1 R、L、C 串联电路示意图　　　图 2.7.2 R、L、C 串联电路谐振曲线

2．在 $f = f_0 = \dfrac{1}{2\pi\sqrt{LC}}$ 处，即幅频特性曲线尖峰所在的频率点称为谐振频率。此时 $X_L = X_C$，电路呈纯阻性，电路阻抗的模最小，$X_L = X_C$ 是 R、L、C 串联电路发生谐振的条件。在输入电压 U_i 为定值时，电路中的电流达到最大值，且与输入电压 U_i 同相位。从理论上讲，此时 $U_i = U_R = U_0$，$U_L = U_C = QU_i$，亦即电感电压等于电容电压，并且是电源电压的 Q 倍；式中的 Q 称为电路的品质因数。

3．电路品质因数 Q 值的测量方法有两种，一是根据公式 $Q = U_L / U_i = U_C / U_i$ 测定，U_C 与 U_L 分别为谐振时电容 C 和电感线圈 L 上的电压；另一种方法是测量谐振曲线的通频带宽度

$\Delta f = f_2 - f_1$，再根据 $Q = \dfrac{f_0}{f_2 - f_1}$ 求出 Q 值。f_0 为谐振频率，f_2 和 f_1 是失谐时，即输出电压的幅度下降到最大值的 $1/\sqrt{2}$ 时的上、下频率点。Q 值越大，曲线越尖锐，通频带越窄，电路的选择性越好。在恒压源供电时，电路的品质因数、选择性与通频带只决定于电路本身的参数，而与信号源无关。

2.7.3 实验要点

谐振是电路的一种特性，尽管电路中有电抗性元件存在，但是在谐振时，电路对外呈纯电阻效应。

2.7.4 实验内容

1．按图 2.7.3 组成测量电路，先选用 $R = 200\Omega$、$C = 0.01\mu F$、$L = 30mH$。用交流毫伏表测电压，调节信号源的输出电压 $U_i = 4V_{P-P}$，（注：$4V_{P-P}$ 是指信号源输出峰—峰值为 4V 的正弦信号）并保持不变。

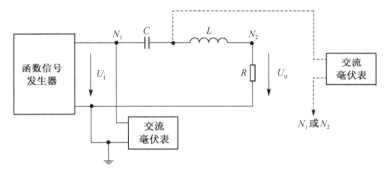

图 2.7.3　R、L、C 串联谐振实验电路

2．用毫伏表测量电阻 R 两端的电压，令信号源的频率由小逐渐变大，找出电路的谐振频率 f_0。当电阻两端电压 U_0 最大时，对应于频率计上的频率值即为电路的谐振频率 f_0，应将毫伏表的量程加大，测量 U_C 与 U_L 之值。

注意：调节信号源频率时，要维持信号源的输出幅度不变，而且在测量 U_C 与 U_L 时，毫伏表的正极（即"+"极）应接在 C 与 L 之间的公共点上，其接地端应分别触及 C 和 L 的近地点 N_2 和 N_1。

3．在谐振点两侧，按频率递增或递减 500Hz，依次各取 6~8 个测量点，逐点测量出 U_0、U_L、U_C 之值，记录于表 2.7.1 中。

表 2.7.1　实验内容 3 数据记录表

f（kHz）								
U_0（V）								
U_L（V）								
U_C（V）								
$U_i = 4V_{P-P}$，$C = 0.01\mu F$、$R = 200\Omega$，$f_0 = $ ，$f_2 - f_1 = $ ，$Q = $								

4．取 $R = 1\text{k}\Omega$，重复上述步骤 2、3 的测量过程，测量数据记入表 2.7.2 中。

表 2.7.2　实验内容 4 数据记录表

f（kHz）											
U_0（V）											
U_L（V）											
U_C（V）											
$U_i = 4\text{V}_{\text{P-P}}$，$C = 0.01\mu\text{F}$、$R = 200\Omega$，$f_0 =$　　　　，$f_2 - f_1 =$　　　　，$Q =$											

5．取 $C = 0.1\mu F$、$L = 30\text{mH}$、$R = 200\Omega$，重复上述步骤 2、3 的实验过程。测量数据分别记入表 2.7.3 中。

表 2.7.3　实验内容 5 数据记录表

f（kHz）											
U_0（V）											
U_L（V）											
U_C（V）											
$U_i = 4\text{V}_{\text{P-P}}$，$C = 0.01\mu\text{F}$、$R = 200\Omega$，$f_0 =$　　　　，$f_2 - f_1 =$　　　　，$Q =$											

6．取 $C = 0.1\mu F$、$L = 30\text{mH}$、$R = 1\text{k}\Omega$，重复上述步骤 2、3 的实验过程。测量数据分别记入表 2.7.4 中。

表 2.7.4　实验内容 6 数据记录表

f（kHz）											
U_0（V）											
U_L（V）											
U_C（V）											
$U_i = 4\text{V}_{\text{P-P}}$，$C = 0.01\mu\text{F}$、$R = 200\Omega$，$f_0 =$　　　　，$f_2 - f_1 =$　　　　，$Q =$											

7．课后分析与思考

1）本实验在谐振时，对应的 U_C 与 U_L 是否相等？如有差异，原因何在？

2）谐振时，电阻 R 两端的电压，往往与电源电压不相等？为什么？

3）根据实验数据，在坐标纸上绘制出不同 Q 值时的三条幅频特性曲线，即

$$U_0 = f(f)，\quad U_L = f(f)，\quad U_C = f(f)$$

计算出通频带与 Q 值，说明不同 R 值时对电路通频带与品质因数的影响，对两种不同的测 Q 值的方法进行比较，分析误差原因。

2.7.5　实验扩展

1．试将信号源输出电压增大为 3V，在电路谐振时，用交流毫伏表测电感电压 U_L 和电容电压 U_C，应选用多大的量程进行测量？总结出电路发生串联谐振时，为什么输入电压不能太大？

2. 如要求提高 RLC 串联电路的品质因数，试调整元件参数使电路谐振，总结出电路参数改变的规律？

2.8 三相交流电路的电压与电流

2.8.1 实验目的

1. 熟悉三相负载的三角形连接和星形连接，理解三相四线制供电系统中中线的作用。

2. 检验对称三相负载作星形连接、三角形连接时，负载线电压与相电压、线电流与相电流之间的关系。

2.8.2 实验原理

1. 三相负载的连接方式分为星形连接（又称"Y"接）或三角形连接（又称为"△"接）。当三相负载作 Y 形连接时，线电压 U_L 是相电压 U_P 的 $\sqrt{3}$ 倍，线电流 I_L 等于相电流 I_P，即 $U_L = \sqrt{3}U_P$，$I_L = I_P$。在这种情况下，流过中线的电流 $I_0 = 0$。所以可以省去中线。当对称负载作△形连接时，有 $I_L = \sqrt{3}I_P$，$U_L = U_P$。

2. 不对称三相负载作 Y 形连接时，必须采用三相四线制接法，即 Y_0 接法。其中中线有其重要的作用，用来保证三相不对称负载的每相电压维持对称不变。若中线断开，会导致三相负载电压的不对称，使负载轻的那一相的相电压过高，负载遭受损坏；负载重的一相相电压又过低，使负载不能正常工作。尤其对于三相照明负载，无条件的一律采用 Y_0 接法。

3. 当不对称负载作△形连接时，$I_L \neq \sqrt{3}I_P$，但只要电源的线电压 U_L 对称，加在三相负载上的电压仍然是对称的，对各相负载工作没有影响。

2.8.3 实验要点

线电压（流）与相电压（流）的概念与关系。

2.8.4 实验内容

1. 负载端星形连接（三相四线制供电）。实验电路如图 2.8.1 所示。三相负载（三组灯泡）经三相自耦调压器接通三相对称电源，将三相调压器的旋柄置于输出为 0V 的位置（即逆时针旋到底）。经指导教师检查后，方可开启实验台电源，然后调节调压器的输出，使输出的三相线电压为 220V，分别测量三相负载的线电压、相电压、相电流、中线电流、电源与负载中点间的电压。将测量数据记入表 2.8.1 中。并观察各相灯泡的亮暗变化程度，特别要注意观察中线的作用。

2. 在三相电路中，测定相序有时是必须的。例如将一台三相异步电动机接在三相电源上，要求电机转子按顺时针方向转动，这便需要事先测定相序。实验方法如下：

将图 2.8.1 中的任意一相负载换成电容器（$C=2\mu F$），断开中线，观察电路中的现象。

1）进行相序测量时，可视接有电容的一相为 A 相，则灯泡亮的一相为 B 相。

2）将电源的三根导线中的任意两根互换，观察电路中灯泡的亮度如何变化。

3. 负载端三角形连接（三相三线制供电）。按图 2.8.2 连接电路。经指导教师检查后接通三相电源，调节三相自耦调压器，使其输出线电压为220V，并按表 2.8.2 的内容进行测量。

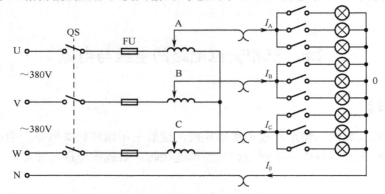

图 2.8.1 三相负载"Y"形连接时的实验电路

表 2.8.1 三相负载"Y"形连接实验数据记录表

测量内容 负载情况	开灯盏数			线电流（A）			线电压（V）			相电压（V）			中线电流 I_0 （A）	中点电压 U_{N0} （V）
	A相	B相	C相	I_A	I_B	I_C	U_{AB}	U_{BC}	U_{CA}	U_{A0}	U_{B0}	U_{C0}		
Y_0 平衡负载	3	3	3											
Y 平衡负载	3	3	3											
Y_0 不平衡负载	1	2	3											
Y 不平衡负载	1	2	3											
Y_0 B相断开	1		3											
Y B相断开	1		3											
Y B相短路	1		3											

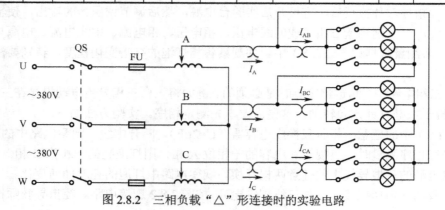

图 2.8.2 三相负载"△"形连接时的实验电路

表 2.8.2 三相负载"△"形连接实验数据记录表

测量数据\n负载情况	开灯盏数			线电压（V）			线电流（A）			相电流（A）		
	AB\n相	BC\n相	CA\n相	U_{AB}	U_{BC}	U_{CA}	I_A	I_B	I_C	I_{AB}	I_{BC}	I_{CA}
平衡	3	3	3									
不平衡	1	2	3									

4．课后分析与思考

1）实验中为什么要通过三相调压器将 380V 的线电压降为 220V 的线电压使用？

2）用实验测得的数据验证对称三相电路中的 $\sqrt{3}$ 关系。

3）用实验数据和观察到的现象，总结三相四线制供电系统中中线的作用。

4）根据不对称负载三角形连接时的相电流值作向量图，并求出线电流值，然后与实验测得的线电流作比较，并分析。

2.8.5 实验扩展

1．试分析三相星形连接不对称负载在无中线情况下，当某负载开路或短路时会出现什么情况？如果接上中线，情况又如何？

2．试将三相电源由星形连接改换成三角形连接，连接上述不同的负载，测量电路中电压、电流，连接线路怎么连接，有哪些注意事项？

2.9 三相交流电路的功率

2.9.1 实验目的

1．掌握测量三相功率的一瓦特表法和二瓦特表法。

2．掌握功率表的接线和使用方法。

2.9.2 实验原理

1．对于三相四线制供电的三相星形连接的负载（即 Y_0 接法），可用一只功率表测量各相的有功功率 P_U、P_V、P_W，则三相负载的总有功功率 $\sum P = P_U + P_V + P_W$。这就是一瓦特表法，如图 2.9.1 所示。若三相负载是对称的，则只要测量一相的功率，再乘以 3 即可得到三相总的有功功率。

2．三相三线制供电系统中，不论三相负载是否对称，也不论负载是 Y 接还是△接，都可以用二瓦特表法测量三相负载的总有功功率，测量线路如图 2.9.2 所示。若负载为感性或容性，且当相位差 $\varphi > 60°$ 时，线路中的一只功率表的指针将反偏（数字式功率表将出现负读数），这时应将功率表电流线圈的两个接线端子调换（不可调换电压线圈接线端子），其读数记为负值。而三相总的有功功率 $\sum P = P_1 + P_2$（此处是代数和）。

在图 2.9.2 中，功率表 W_1 的电流线圈串连接入 U 线，通过线电流 I_U，加在功率表 W_1 电压线圈的电压为 U_{UW}；功率表 W_2 的电流线圈串连接入 V 线，通过线电流 I_V，加在功率表 W_2 电压线圈的电压为 U_{VW}；在这样的连接方式下，我们来证明两个功率表的读数之代数和就是三相负载的总有功功率。

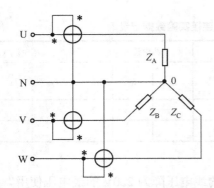
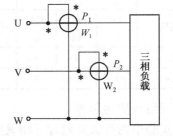

图 2.9.1　一瓦特表法测量三相功率示意图　　　图 2.9.2　二瓦特表法测量三相功率示意图

在三相电路中，若三相负载是星形连接，则各相负载的相电压在此用 U_U、U_V、U_W 表示。若三相负载是三角形连接，可用一个等效的星形连接的负载来代替，则 U_U、U_V、U_W 表示代替以后三相电路的负载的相电压。

因为　　　　　　　　　　　$U_{UW} = U_U - U_W, \quad U_{VW} = U_V - U_W$

所以　　　$I_U U_{UW} + I_V U_{VW} = I_U(U_U - U_W) + I_V(U_V - U_W) = I_U U_U + I_V U_V - (I_U + I_V) U_W$

由于在这里讨论的是三相三线制电路，故有：

$$I_U + I_V + I_W = 0, \quad I_W = -(I_U + I_V)$$

代入上式得：

$$I_U U_{UW} + I_V U_{VW} = I_U U_U + I_V U_V + I_W U_W = P_U + P_V + P_W$$

其中，P_U、P_V、P_W 分别是 U、V、W 各相的功率，则三相功率 $\sum P = P_U + P_V + P_W$。

由此可知，采用两瓦特表按图 2.9.2 所示的接线方式可以测量三相功率 P，即：

$$\sum P = P_1 + P_2$$

在上述证明过程中，并没有三相电源和三相负载对称的条件，因此，这种测量三相功率的两瓦特表法，不论三相电路是否对称，都是适用的。但必须注意：在上述证明过程中，应用了 $I_U + I_V + I_W = 0$ 的条件，三相三线制是符合这个条件的，而三相四线制不对称电路不符合这个条件，所以，这种测量三相功率的两瓦特表法只适用于三相三线制而不适用于三相四线制不对称电路。两瓦特表法的接线规则如下：

1）两个功率表的电流线圈分别任意串连接入两线，使通过电流线圈的电流为三相电路的线电流，且电流线圈的同铭端必须接到电源侧。

2）两功率表电压线圈的同铭端必须接到该功率表电流线圈所在的线，而两个功率表电压线圈的非同铭端同时接到没有接功率表电流线圈的第三线上。

3）用两瓦特表测量三相功率时，电路的功率等于两个功率表读数的代数和。即必须把每个功率表读数相应的符号考虑在内，这一点要特别注意。

除图 2.9.2 的 I_U、U_{UW} 和 I_V、U_{VW} 接法外，还有 I_V、U_{UV} 和 I_W、U_{UW} 以及 I_U、U_{UV} 和 I_W、U_{VW} 两种接线方式。

3. 对于三相三线制供电的三相负载，可用一瓦特表法测量三相负载的总无功功率 Q，测量原理如图 2.9.3 所示。图示功率表读数的 $\sqrt{3}$ 倍，即为对称三相电路总的无功功率。除了此图给出的一种连接方式（I_U、U_{VW}）外，还有另外两种连接法，即接成（I_V、U_{UW}）、（I_W、U_{UV}）。

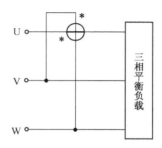

图 2.9.3　一瓦特表法测量三相无功功率示意图

2.9.3　实验要点

三相交流电路功率的测量与计算。

2.9.4　实验内容

1．用一瓦特表法测定三相对称 Y_0 接（即星形连接有中线）以及不对称 Y_0 接负载的总功率 $\sum P$ 。实验电路按图 2.9.4 接线。线路中的电流表和电压表用来监测该相的电流和电压，不要超过功率表电压线圈和电流线圈的量程。

经指导教师检查后，接通三相电源，调节三相自耦调压器，使其输出线电压为 220V ，按表 2.9.1 的要求进行测量及计算。

首先将三只表（电压表、电路表、功率表）按图 2.9.4 接入 V 相进行测量，然后分别将三只表换接到 U 相和 W 相，再进行其他数据的测量和记录。

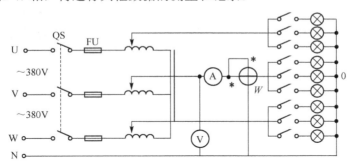

图 2.9.4　一瓦特表法测定三相负载功率实验电路

表 2.9.1　一瓦特表法测定三相负载功率实验数据记录表

负载情况	开灯盏数			测量数据			计算值
	U 相	V 相	W 相	P_U（W）	P_V（W）	P_W（W）	$\sum P$（W）
Y_0 对称负载	3	3	3				
Y_0 不对称负载	1	2	3				

2．按图 2.9.5 接线，用两瓦特表法测定三相负载的总功率。

1）将三相灯泡负载接成 Y 形接法（即星形连接无中线）。经指导教师检查后，接通三相电源，调节三相自耦调压器，使其输出线电压为220V，按表2.9.2的要求进行测量及计算。

　　2）将三相灯泡负载改接成△形接法，重复1）的测量步骤，数据记入表2.9.2中。

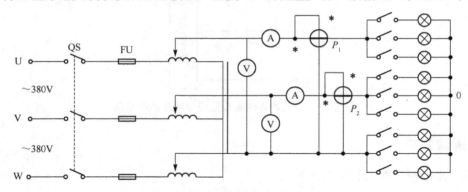

图2.9.5　二瓦特表法测定三相负载功率实验电路

表2.9.2　二瓦特表法测定三相负载功率实验数据记录表

负载情况	开灯盏数			测量数据		计算值
	U 相	V 相	W 相	P_1（W）	P_2（W）	$\sum P$（W）
Y_0 对称负载	3	3	3			
Y_0 不对称负载	1	2	3			
△不对称负载	1	2	3			
△对称负载	3	3	3			

　　3）将两只功率表依次按另外两种接法接入电路，重复1）、2）的测量（表格自拟）。

　　3. 用一瓦特表法测定三相对称星形负载的无功功率，按图2.9.6所示的电路接线。

　　1）每相负载由白炽灯和电容器并联而成，并由开关控制其接入。检查接线无误后，接通三相电源，将三相自耦调压器的输出线电压调为220V，读取图中三表的读数（电压表、电流表、功率表），并计算无功功率$\sum Q$，测量数据记入表2.9.3中。

　　2）分别按（I_V、U_{UW}）和（I_W、U_{UV}）接法，重复1）的测量，并比较各自的$\sum Q$值。测量数据记入表2.9.3中。注：$\sum Q = \sqrt{3}Q$。

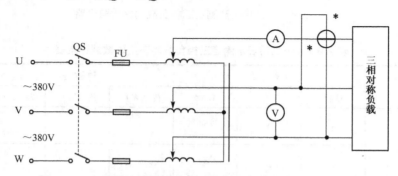

图2.9.6　一瓦特表法测定三相对称星形负载无功功率实验电路

表 2.9.3　一瓦特表法测定三相对称星形负载无功功率实验数据记录表

接法	负 载 情 况	测 量 数 据			计算值
		U（V）	I（A）	Q（var）	$\sqrt{3}Q$
I_U U_{VW}	① 三组对称灯泡（每相开三盏灯）				
	② 三相对称电容器（每相 4.7μF）				
	③ 为 ①、②的并联负载				
I_V U_{UW}	① 三组对称灯泡（每相开三盏灯）				
	② 三相对称电容器（每相 4.7μF）				
	③ 为 ①、②的并联负载				
I_W U_{UV}	① 三组对称灯泡（每相开三盏灯）				
	② 三相对称电容器（每相 4.7μF）				
	③ 为 ①、②的并联负载				

4．课后分析与思考

1）测量功率时为什么在线路中通常都接有电流表和电压表？

2）完成数据表格中的各项计算，比较一瓦特表法和二瓦特表的测量结果。

3）总结、分析三相电路功率测量的方法与结果。

2.9.5　实验扩展

1．试将三相电源由星形连接改换成三角形连接，连接上述不同的负载，测量电路中电压、电流，线路应怎么连接，有哪些注意事项？

2．若负载端是星形连接和三角形连接的混合，功率表应该怎么接，试画出电路连线图，并进行测量。

2.10　受控源

2.10.1　实验目的

1．分析与研究受控源的外特性及其转移特性；

2．加深对受控源的理解和应用。

2.10.2　实验原理

1．受控源是一种非独立电源。受控源的电压或电流受到电路中其他部分的电压或电流的控制，是随电路中的另一支路的电压或电流而变的一种电源。

受控源与无源元件有所不同，无源元件两端的电压和它自身的电流有一定的函数关系，而受控源的输出电压或电流则和另一支路（或元件）的电流或电压有某种函数关系。

2．独立源与无源元件是二端器件，受控源则是四端器件，或称为双口元件。它有一对输入端（U_1、I_1）和一对输出端（U_2、I_2）。输入端可以控制输出端电压或电流的大小。施加于输入端的控制量可以是电压或电流，根据控制量的不同，理想受控源可分为：电压控制电压源

VCVS、电流控制电压源 CCVS、电压控制电流源 VCCS、电流控制电流源 CCCS。图 2.10.1 为它们的示意图。

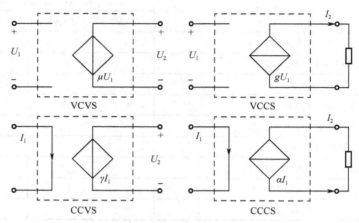

图 2.10.1　受控电压源及受控电流源示意图

3．理想受控源的控制支路中只有一个独立变量（电压或电流），另一个独立变量等于零。即从输入口看，理想受控源或者是短路（即输入电阻 $R_1 = 0$，因而 $U_1 = 0$），或者是开路（即输入电导 $G_1 = 0$，因而输入电流 $I_1 = 0$）；从输出口看，理想受控源或者是一个理想电压源，或者是一个理想电流源。

所谓理想受控电压源，是指其输出电阻为零，如 VCVS 和 CCVS；理想受控电流源的输出电阻为无穷大，如 VCCS 和 CCCS。此外，理想的电压控制受控源的输入电阻为无穷大，如 VCVS 和 VCCS；理想的电流控制受控源的输入电阻为零，如 CCVS 和 CCCS。实际的受控源，无论是何种类型都具有一定的输入电阻和输出电阻。

当受控源的输出电压（或电流）与控制支路的电压（或电流）成正比变化时，则称该受控源是线性的。

4．受控源的控制端与受控端的关系式称为转移函数。受控源的转移函数的定义如下：

电压控制电压源（VCVS）：$U_2 = f(U_1), \mu = U_2 / U_1$ 称为转移电压比（或电压增益）。

电压控制电流源（VCCS）：$I_2 = f(U_1), g = I_2 / U_1$ 称为转移电导。

电流控制电压源（CCVS）：$U_2 = f(I_1), r = U_2 / I_1$ 称为转移电阻。

电流控制电流源（CCCS）：$I_2 = f(I_1), \alpha = I_2 / I_1$ 称为转移电流比（或电流增益）。

2.10.3　实验要点

受控源是描述电路之间相互影响的一种方式，受控源不能独立存在。

2.10.4　实验内容

1．测量分析受控源 VCCS 的转移特性 $I_L = f(U_1)$ 和负载特性 $I_L = f(U_2)$，实验电路如图 2.10.2 所示。

1）使得 $R_L = 2\mathrm{k}\Omega$ 并且不变，调节稳压电源输出电压 U_1，测出相应的 I_L 值，测量数据记入表 2.10.1 中。绘制 $I_L = f(U_1)$ 曲线，并由其线性部分求出转移电导 g。

表 2.10.1　受控源 VCCS 转移特性数据记录表

U_1（V）	0.1	0.5	1.0	2.0	3.0	3.5	3.7	4.0	g
I_L（mA）									

2）保持 $U_1 = 2V$ 不变，令 R_L 从大到小变化，测出相应的 I_L 及 U_2，绘制 $I_L = f(U_2)$ 曲线。测量数据记入表 2.10.2 中。

表 2.10.2　受控源 VCCS 负载特性数据记录表

R_L（kΩ）	5.0	4.0	3.0	2.0	1.0	0.5	0.4	0.3	0.2	0.1	0
I_L（mA）											
U_2（V）											

2. 测量分析受控源 CCVS 的转移特性 $U_2 = f(I_1)$ 与负载特性 $U_2 = f(I_1)$，实验电路如图 2.10.3 所示。

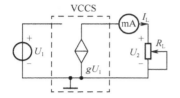 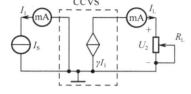

图 2.10.2　受控源 CCVS 实验电路　　图 2.10.3　受控源 CCCS 实验电路

1）使 $R_L = 2kΩ$ 不变，调节恒流源的输出电流 I_S，使 I_S 取表 2.10.3 中所列电流值，测出 U_2，绘制 $U_2 = f(I_1)$ 曲线，并由其线性部分求出转移电阻 r。测量数据记入表 2.10.3 中。

表 2.10.3　受控源 CCVS 转移特性数据记录表

I_1（mA）	0.1	1.0	3.0	5.0	7.0	8.0	9.0	9.5	r
U_2（V）									

2）保持 $I_S = 2mA$ 不变，按下表所列 R_L 值，测出 U_2 及 I_L，绘制负载特性曲线 $U_2 = f(I_L)$，测量数据记入表 2.2.4 中。

表 2.10.4　受控源 CCVS 负载特性数据记录表

R_L（kΩ）	0.5	1	2	4	6	8	10
U_2（V）							
I_L（mA）							

3. 由现有的两个基本 VCCS 和 CCVS 两种线路，组合设计画出受控源 VCVS 线路。研究受控源 VCVS 的转移特性 $U_2 = f(U_1)$ 及负载特性 $U_2 = f(I_L)$。

1）不接入电流表，使得 $R_L = 2kΩ$ 并且不变，调节稳压电源输出电压 U_1，测量 U_1 及相应的 U_2 值，测量数据记入表 2.10.5 中。在坐标纸上绘出电压转移特性 $U_2 = f(U_1)$ 曲线，并在其线性部分求出转移电压比 μ。

表 2.10.5　受控源 VCVS 转移特性数据记录表

U_1（V）	0	0.1	0.2	0.5	1.0	2.0	3.0	3.5	3.7	4.0	μ
U_2（V）											

2）接入电流表，保持 $U_1 = 2V$ 不变，调节 R_L 可变电阻箱，测 U_2 及 I_L，绘制负载特性曲线 $U_2 = f(I_L)$。测量数据记入表 2.10.6 中。

表 2.10.6　受控源 VCVS 负载特性数据记录表

R_L（Ω）	50	70	100	200	300	400	500	∞
U_2（V）								
I_L（mA）								

4．由现有的两个基本 VCCS 和 CCVS 两种线路，组合设计画出受控源 CCCS 线路。研究受控源 CCCS 的转移特性 $I_L = f(I_1)$ 及负载特性 $I_L = f(U_2)$。

1）使 $R_L=2kΩ$ 不变，调节恒流源的输出电流 I_S，使 I_S 取表 2.10.7 中各电流值，测出 I_L，绘制 $I_L = f(I_1)$ 曲线，并由其线性部分求出转移电流比 α，测量数据记入表 2.10.7 中。

表 2.10.7　受控源 CCCS 转移特性数据记录表

I_1（mA）	0.1	0.2	0.5	1	1.5	2	2.2	α
I_L（mA）								

2）保持 $I_S = 1mA$ 不变，令 R_L 为表 2.10.8 所列各值，测出 I_L，绘制 $I_L = f(U_2)$ 曲线。测量数据记入表 2.10.8 中。

表 2.10.8　受控源 CCCS 负载特性数据记录表

R_L（kΩ）	0	0.1	0.2	0.4	0.6	0.8	1	2	5	10	20
I_L（mA）											
U_2（V）											

5．课后分析与思考

1）试由现有的两个基本 VCCS 和 CCVS 线路，设计出受控源 VCVS 和 CCCS 两种线路，它们的输入输出如何连接？画出两种受控源 VCVS 和 CCCS 的连接电路图。

2）根据以上实验数据，在坐标纸上分别绘制出四种受控源的转移特性曲线和负载特性曲线，并计算出相应的转移参数（需有计算过程），并填入相应记录表中。

2.10.5　实验扩展

1．试将受控源控制量的极性反向，测试输出极性是否发生变化，是否对其负载特性和转移特性有影响？

2．受控源的控制特性是否适合于交流信号？试将控制量改换为正弦交流信号和方波信号，进行上述实验研究，并给出结论。

2.11 功率因数

2.11.1 实验目的

1. 研究正弦稳态交流电路中电压、电流向量之间的关系。
2. 掌握日光灯线路的接线，测其功率因数，设计出可提高日光灯功率因数的测量电路。
3. 理解提高电路功率因数的意义并掌握其设计方法。

2.11.2 实验原理

1. 在单相正弦交流电路中，用交流电流表测得各支路的电流值，用交流电压表测得各元件的电压值，它们之间的关系满足向量形式的基尔霍夫定律，即 $\sum \dot{I} = 0$ 和 $\sum \dot{U} = 0$。

2. 图 2.11.1 所示的 RC 串联电路，在正弦稳态信号 $\dot{U}$ 的激励下，$\dot{U}_R$ 与 $\dot{U}_C$ 保持有 90° 的相位差，即当 R 阻值改变时，$\dot{U}_R$ 的向量轨迹是一个半圆。$\dot{U}_R$、$\dot{U}_C$ 与 $\dot{U}$ 三者形成一个电压直角三角形，如图 2.11.2 所示。R 值改变时，可改变 φ 角的大小，而达到移相的目的。

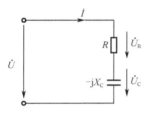

图 2.11.1　RC 串联电路

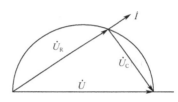

图 2.11.2　电压直角三角形

3. 对于一个无源一端口网络，如图 2.11.3 所示，其所吸收的功率为 $P = UI\cos\varphi$，其中 $\cos\varphi$ 称为功率因数。功率因数的大小，决定于电压和电流之间的相位差角 φ，或这个一端口网络等值复阻抗的幅角 φ。

提高功率因数，就是设法补偿电路中的无功电流分量。对于电感性负载，可以并联一个电容器，使流过电容器中的无功电流分量与电感性负载电流的无功分量相互补偿，以减少电压和电流之间的相位差，从而提高功率因数。

常用的日光灯，按其工作原理，用镇流器和启辉器作它的配件，如图 2.11.4 所示。其中镇流器是一个具有铁心的电感线圈，它使日光灯电路为一个感性电路，其功率因数不高，为 0.5 左右，对于不同规格的日光灯，用不同规格的日光灯电容器，就是为了提高功率因数。日光灯各部件工作原理如下：

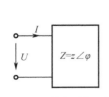

图 2.11.3　无源一端口网络

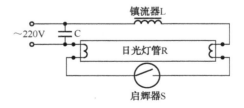

图 2.11.4　日光灯照明电路

1）日光灯灯管是一根内壁涂有一层荧光粉的玻璃管，管内充有少量水银蒸气，灯管两端各有一个电极和灯丝，当两极之间加上一定电压后，管内发生弧光放电，水银蒸气受激发后放射出紫外线，荧光粉受紫外线照射发出可见光。

2）镇流器是一个铁心线圈，当其启动时产生自感电势加在灯管两端，发生弧光放电，而启动后则限制灯管的电流。

3）启辉器是一个封闭的玻璃泡，内充氖气，并装有两个电极，一个是固定电极，另一个是由两个膨胀系数相差较大的金属片制成的可动电极，当启辉器两端加上电压时，泡内电极间发生辉光放电而使电极发热，由于可动电极内层金属的膨胀系数较大，受热后趋于伸直而使两极上的触点闭合，将电路接通，流经灯管两端灯丝的电流使灯丝发热而发射电子，此时双金属片逐渐冷却，最后复原，电极触点突然分开，这瞬间，镇流器电感线圈产生很高的自感电动势且与外电源同方向加在灯管两端，使灯管产生弧光放电，一旦放电，灯管两端电压降低，因启动器与灯管并联，因此启动器不动作。

4）日光灯的工作电路如图 2.11.4 所示，其工作原理是当接通电源后，经日光灯的两个灯丝，把 220V 的电压加在启辉器的两个电极上，启辉器内部的两个电极中，弯曲的电极是用两种热膨胀系数不同的金属片压制而成的，内侧的金属片热膨胀系数大；启辉器内部充满堕性气体，加上 220V 电压后，惰性气体被击穿放电，它使两个电极受热，弯曲的电极受热后膨胀变形，使得两个电极接触，从而接通了灯丝的加热电路，使灯丝加热，另一方面，当启辉器两个电极接触后，启辉器就停止放电，两电极因温度下降而复原，断开灯丝加热电路，就在这一瞬间，日光灯因承受较高电压使日光灯放电，灯管内部所涂的荧光粉，因受紫外线激发而发出可见光。

2.11.3　实验要点

功率因数与电路的负荷性质有关，是衡量电气设备效率高低的一个系数。

2.11.4　实验内容

1. 选取 R 为三只 220V，25W 的白炽灯泡，电容器为 4.7μF，450V，设计一个验证电压三角形的实验电路进行实验，并将测量数据记录于表 2.11.1 中。

表 2.11.1　验证电压三角形数据记录表

测　量　值			计　算　值		
U（V）	U_R（V）	U_C（V）	U'（与 U_R、U_C 组成 Rt△） $U'=\sqrt{U_R^2+U_C^2}$	$\triangle U=U'-U$（V）	$\triangle U/U$（%）
100					

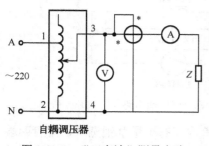

自耦调压器

图 2.11.5　"三表法"测量电路

2. 按图 2.11.5 接线，连接单相自耦调压器，使用前应将自耦调压器的旋转手柄逆时针旋转至零位，然后方可接通交流电源，单相自耦调压器的输入端和输出端绝对不允许反接。确认无误后，将阻抗 Z 替换为日光灯电路，按图 2.11.5 接线，并经指导教师检查后，方可接通交流电源，并使其正常工作，将测量数据记入表 2.11.2（第一行）中。

3. 设计一个可以提高日光灯电路功率因数的实验电路，且该电路应能同时测量电路中的总电流、电容支路电流和日光灯支路电流，经指导教师认可后进行实验。根据表 2.11.2 的要求进行实验，并将测量数据记入表 2.11.2 中 。

表 2.11.2　提高日光灯功率因数实验数据记录表

电容值 （μF）	测量数据						计算值	
	P（W）	$\text{Cos}\varphi$	U（V）	I（A）	I_L（A）	I_C（A）	I'（A）	$\cos\varphi$
0			220					
0.47			220					
1			220					
2.2			220					
2.67			220					
3.2			220					
4.7			220					
5.7			220					
6.9			220					
7.9			220					

注：将 0.47μF、1μF、2.2μF、4.7μF 的电容单独或并联使用，取得上述各电容值。

4．使用完毕后，应首先将自耦调压器的旋转手柄再次逆时针旋转至零位，然后切断交流电源，拆掉线路。

5．课后分析与思考

1）在日常生活中，当日光灯上缺少启辉器时，常用一根导线将启辉器的两端短接一下，然后迅速断开，使得日光灯点亮；或用一只启辉器点亮多个同类型的日光灯。为什么？

2）功率表的读数为什么大于日光灯的额定功率？请说明原因。

3）日光灯的接线顺序是：镇流器、日光灯管的一端灯丝、启辉器、日光灯管的另一端灯丝。试将上述连接顺序改为：日光灯管的一端灯丝、镇流器、启辉器、日光灯管的另一端灯丝；请问日光灯能否正常发光，会发生什么情况，为什么？

4）在坐标纸上绘制 $I = f(C)$ 和 $\cos\varphi = f(C)$ 曲线，并进行必要的分析。

5）完成表 2.11.1、表 2.11.2 中的计算值，需写出计算过程。

2.11.5　实验扩展

1．试在日光灯功率因数提高电路中采用"串联电容法"进行测量，分析研究是否可以提高功率因数？

2．采用"并联电容法"提高日光灯电路功率因数时，试将一个可调电容替换成固定电容，完成上述实验表 2.11.2 中数据测量，分析并联的电容容量是否越大越好？

3．试在日光灯功率因数提高电路中采用"串联电感"和"并联电感"，并进行测量，分析研究是否可以提高功率因数？

第3章 模拟电路基础实验

本章包含了模拟电路的六个基本验证性实验项目，通过实验验证电子电路的基本原理，使学生掌握实验中常用电子仪器的使用和测量方法，掌握各种基本放大电路主要技术指标测量的方法，初步学会分析电路。

3.1 三极管单级低频放大电路

3.1.1 实验目的

1. 熟悉常用电子仪器的使用，学习按图接线和查线的方法。
2. 掌握单级放大器的电压放大倍数、输入电阻、输出电阻及幅频特性的测试方法。
3. 学会调整放大器的静态工作点，分析静态工作点对放大器性能的影响。

3.1.2 实验原理

1. 测量仪器

在模拟电子电路实验中经常使用的电子仪器有示波器、信号发生器、交流毫伏表等。实验中要对各种电子仪器进行综合使用，可按信号的流向、连线简捷、调节顺手、观察与读数方便等原则进行合理布局，各仪器与被测实验装置的布局与连接如图 3.1.1 所示。接线时应注意，为防止外界干扰，各仪器的公共接地端应连接在一起，称公共地。信号源和交流毫伏表的引线通常用屏蔽线或专用电缆线，示波器使用专用电缆线，直流电源的接线用普通导线。

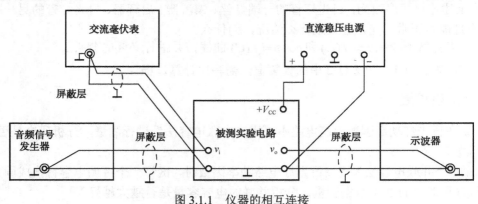

图 3.1.1　仪器的相互连接

2. 静态工作点及调整方法

图 3.1.2 所示电路是共发射极三极管单管放大电路，图中提供了直接偏置与分压式偏置两种方式来稳定静态工作点。一般来说，静态工作点近似选在输出特性曲线上交流负载线的中点（见图 3.1.3），以获得最大动态范围。若工作点选的太高或太低，可能引起饱和失真和截止失

真。可以通过调节电位器 R_{p1}，来调整静态工作点的位置。

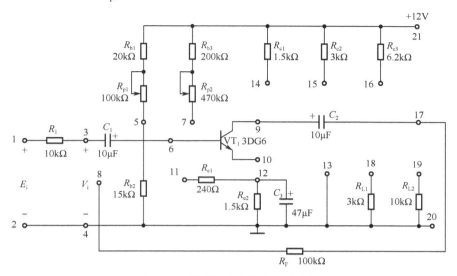

图 3.1.2 单管放大电路实验电路图

3. 放大倍数 A_V 的测量

放大倍数是直接衡量放大电路放大能力的重要指标，电压放大倍数是输出电压与输入电压之比（见式 3.1.1）。特别注意，在实测电压放大倍数时，必须用示波器观察输出端的波形，只有在不失真的情况下，测试数据才有意义。其他技术指标也如此。

$$A_V = \frac{V_o}{V_i} \tag{3.1.1}$$

4. 低频放大器输入电阻 r_i 的测量

放大器输入电阻 r_i 的定义是从放大器输入端看进去的等效电阻，即

$$r_i = \frac{V_i}{I_i} \tag{3.1.2}$$

测量 r_i 时在电路输入端与信号源间串入一已知电阻 R_s，在放大器正常工作的情况下，用交流毫伏表测出 V_s 和 V_i，则由下式可求得 r_i。

$$r_i = \frac{V_i}{I_i} = \frac{V_i}{V_s - V_i} \cdot R_s \tag{3.1.3}$$

式中，V_s 为信号源电压，V_i 为放大器的输入电压。

5. 低频放大器输出电阻 r_o 的测量

放大器的输出电阻 r_o 的定义是输入电压源短路（但保留内阻），从放大器输出端看进去的等效电阻，即

$$r_o = \frac{V}{I}\bigg|_{R_L = \infty, V_s = 0} \tag{3.1.4}$$

在图 3.1.4 中，放大器输入端加一固定信号电压，分别测量 R_L 开路和接上时的输出电压 V_o' 和 V_o，按下式可计算输出电阻 r_o。

$$r_{\mathrm{o}} = \left(\frac{V_{\mathrm{o}}'}{V_{\mathrm{o}}} - 1 \right) R_{\mathrm{L}} \qquad (3.1.5)$$

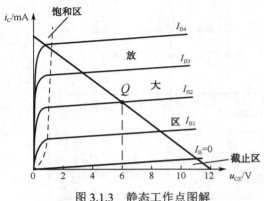

图 3.1.3　静态工作点图解

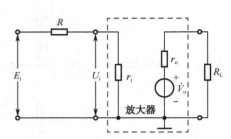

图 3.1.4　输入电阻与输出电阻的测量

6. 低频放大器幅频特性的测量

维持输入信号电压 V_{s} 幅值不变，改变输入信号频率，测量频率变化时的电压放大倍数（要求输出信号不失真），即可得到放大器幅频特性。中频段增益下降 0.707 倍时（或−3dB）所对应的频率就是上限频率 f_{H} 和下限频率 f_{L}，两者之差称为放大器的通频带或 3dB 带宽，即

$$f_{\mathrm{3dB}} = f_{\mathrm{H}} - f_{\mathrm{L}} \qquad (3.1.6)$$

3.1.3　实验要点

静态工作点与放大器的性能密切相关。

3.1.4　实验内容

1. 测定静态工作点

基极选择分压偏置，$R_{\mathrm{c}} = 1.5\mathrm{k\Omega}$，$R_{\mathrm{e}} = R_{\mathrm{e1}} /\!/ R_{\mathrm{e2}}$，$R_{\mathrm{L}} = \infty$，调节 R_{p1}，使 $V_{\mathrm{CE}} = 6\mathrm{V}$，测出 V_{B}、V_{C}、V_{E}，将结果记入表 3.1.1。

表 3.1.1　静态工作点测定

测量值			计算值		
$V_{\mathrm{B}}(\mathrm{V})$	$V_{\mathrm{C}}(\mathrm{V})$	$V_{\mathrm{E}}(\mathrm{V})$	$V_{\mathrm{BE}}(\mathrm{V})$	$V_{\mathrm{CE}}(\mathrm{V})$	$I_{\mathrm{C}}(\mathrm{mA})$

2. 测定电压放大倍数

将测量结果记入表 3.1.2。

表 3.1.2　电压放大倍数的测量（V_{CE}＝6V，V_i＝5mV）

$R_c(\Omega)$	$R_L(\Omega)$	$V_o(V)$	A_V	记录一组 V_o 和 V_i 波形
1.5kΩ	∞			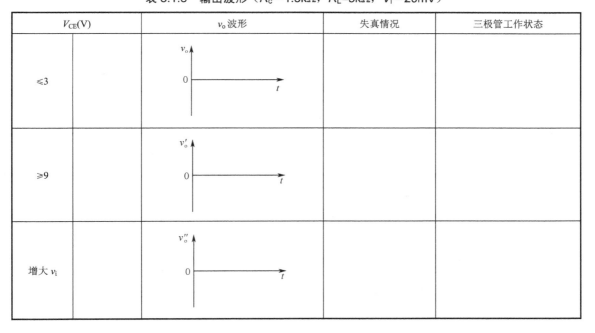
3kΩ	∞			
3kΩ	3kΩ			

从输入端输入 1kHz、5mV 的正弦波信号 V_i，观察输出波形，若输出波形无明显失真，测出输出电压 V_o，并算出其电压放大倍数（当 R_c 的值变化时需重新调整静态工作点）。

3．观察静态工作点对输出波形失真的影响

置 R_c＝1.5kΩ，R_L＝3kΩ，V_i＝20mV，保持输入信号不变，分别增大和减小 R_{p1}，使波形出现失真，绘出 v_o 的波形，并测出失真情况下的 V_{CE} 值，把结果记入表 3.1.3 中。

表 3.1.3　输出波形（R_c＝1.5kΩ，R_L＝3kΩ，V_i＝20mV）

$V_{CE}(V)$	v_o 波形	失真情况	三极管工作状态
≤3			
≥9			
增大 v_i			

4．观察由输入信号引起的非线性失真

保持静态工作点不变（即 V_{CE}＝6V），增大输入信号电压，观察输出波形直至出现非线性失真，并记录波形。

5．观察静态工作点对电压放大倍数的影响

置 R_c＝1.5kΩ，R_L＝∞，V_i 适当，调节 R_p，用示波器监视输出电压波形，在 V_o 不失真的条件下，测量数组 I_c 和 V_o 值，记入表 3.1.4 中。

表 3.1.4　静态工作点对放大倍数的影响（R_c=1.5kΩ，R_L=∞，V_i=5mV）

V_{CE}(V)			
I_C(mA)			
V_o(V)			
A_V			

6. 测定放大器输入和输出电阻

置 R_c=1.5kΩ，R_L=3kΩ，V_{CE}=6V，从 1 端输入 1kHz、5mV 的正弦波信号，在输出无明显失真的情况下用交流毫伏表测出 V_s 及 V_i，计算 r_i。保持 V_s 不变，断开 R_L 测量输出电压 V_o，计算 r_o，记入表 3.1.5。

表 3.1.5　输入输出电阻的测量（R_c=3kΩ，R_L=3kΩ，V_{CE}=6V）

V_s（mV）	V_i（mV）	r_i(kΩ)		V_L(V)	V_o(V)	r_o(kΩ)	
		测量值	计算值			测量值	计算值

7. 测量幅频特性

取 V_{CE}=6V，R_c=1.5kΩ，R_L=3kΩ。保持输入信号 V_i 或 V_s 的幅度不变，改变输入信号频率（由低到高）。逐点测出相应的输出电压 V_o，记入表 3.1.6 中，特性平直部分少测几个点，而弯曲部分应多测几个点。

表 3.1.6　放大器幅频特性测量

			f_L		f_o			f_H	
f(kHz)									
V_o(V)									
A_V=V_o/V_i									

3.1.5　实验扩展

1. 场效应管共源极放大电路如图 3.1.5 所示，在实验箱上组装电路，并调整和测量静态工作点，测试电压放大倍数、输入电阻、输出电阻及幅频特性，自拟实验数据表格，记录并分析数据，对比三极管放大电路与场效应管放大电路的特点。

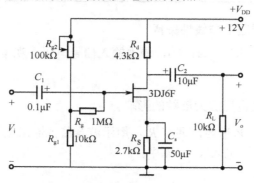

图 3.1.5　场效应管共源极放大电路

2．在实验箱上组装射极输出器电路，测量静态工作点、输入电阻、输出电阻及幅频特性，自拟实验数据表格，记录并分析数据，总结共集电极放大电路的特点。

3．根据放大倍数公式

$$A_V = -\beta \frac{R_C /\!/ R_L}{r_{be}} \tag{3.1.7}$$

可知，加大 R_C 的值可以提高 A_V，如果无限制地增大 R_C，A_V 是否可以无限增大？为什么？

3.2 两级负反馈放大电路

3.2.1 实验目的

1．了解电压串联负反馈对放大器性能的影响。
2．掌握负反馈放大器性能指标的测量方法。
3．训练按图接线和查线的能力，进一步熟悉仪器使用方法。

3.2.2 实验原理

1．负反馈的基本概念与分类

凡是将电子电路输出端的信号的一部分或全部通过一定的电路形式作用到输入回路，用来影响输入量的措施就称为反馈。使放大电路净输入量增大的反馈称为正反馈，使放大电路净输入量减小的反馈称为负反馈。通常，引入了交流负反馈的放大电路称为负反馈放大电路，负反馈放大器有电压串联、电压并联、电流串联和电流并联四种基本组态。正确分类是掌握负反馈的关键。

分类的具体方法：根据净输入信号的增减可知电路是正反馈还是负反馈。

根据反馈信号和输入信号在输入回路的连接方式——串联或并联，即可知电路是串联反馈还是并联反馈。

用输出端交流短路法判别电压反馈和电流反馈。

2．负反馈放大器的分析

对负反馈进行定量计算是比较复杂的，关键是求基本放大器的 $\dot{A}$。求 $\dot{A}$ 的原则是不计反馈的作用，但考虑反馈网络的负载效应。

3．负反馈放大器对性能的影响

放大电路引入交流负反馈后，虽然使放大倍数减小，但其他性能指标会得到改善，具体表现在：可以稳定放大倍数，展宽频带，减小非线性失真及抑制干扰和噪声，改变输入电阻和输出电阻等。

3.2.3 实验要点

负反馈可以改善放大器的性能，影响相关指标。

3.2.4 实验内容

1. 调整各级静态工作点。

连接如图 3.2.1 所示的负反馈放大器电路，分别调节 R_{p1}、R_{p2}，使得 $V_{CE1} = 10V$，$V_{CE2} = 6V$，用数字电压表测量并记录各级静态工作点，记入表 3.2.1 中。

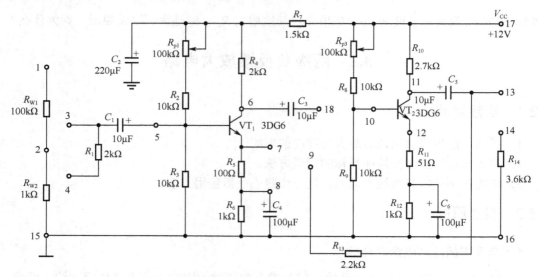

图 3.2.1　负反馈放大器实验电路图

表 3.2.1　静态工作点的测量

	$V_B(V)$	$V_E(V)$	$V_C(V)$	$I_C(mA)$
第一级				
第二级				

2. 测定两级电压串联负反馈电路开环（9 接 8）与闭环（9 接 7）时中频段电压放大倍数。

从输入端输入 1kHz 约 5mV 的正弦波信号，在输出波形无明显失真情况下，分别测出带负载与不带负载时开环与闭环的输出电压，计算电压放大倍数，分析是否符合

$$A_{Vf} = \frac{A_V}{1 + A_V F_V} \tag{3.2.1}$$

用示波器监视输出波形 V_o。在 V_o 不失真的情况下，用交流毫伏表测量 V_{o1}、V_{oL1}、V_{o2}、V_{oL2}，记入表 3.2.2 中。

表 3.2.2　放大器电压放大倍数与输出电阻的测量

	V_i (mV)	V_{o1} (mV)	V_{oL1} (mV)	V_{o2} (mV)	V_{oL2} (mV)	A_V	A_{VL}	$r_o = \left(\dfrac{V_{o2}}{V_{oL2}} - 1\right)R_L$
基本放大器								
负反馈放大器		—	—					

3．测定串联负反馈对输入电阻的影响。

测量和计算负载开环、闭环时的输入电阻，数据记入表 3.2.3，并加以比较（测量方法见单级放大器实验）。

表 3.2.3　放大器输入电阻的测量

	E_i（mV）	V_i（mV）	$r_i = \dfrac{V_i}{E_i - V_i} R_i$（kΩ）
基本放大器			
负反馈放大器			

4．测定电压负反馈对输出电阻影响。

根据表 3.2.2 中记录数据计算开环与闭环的输出电阻，并加以比较（测量方法见单级放大器实验）。

5．测量负反馈对幅频特性的影响。

测量和计算负载开环、闭环时的幅频特性，数据记入表 3.2.4，并加以比较（测量方法见单级放大器实验）。

表 3.2.4　负反馈对幅频特性的影响

	f_L	f_H	Δf
基本放大器			
负反馈放大器			

6．观察负反馈对非线性失真的改善。

1）实验电路改接成基本放大器形式，在输入端输入 f=1kHz 的正弦信号，逐渐增大输入信号的幅度，使输出波形出现失真，记下此时的失真波形和最大不失真时输入、输出电压的幅度；

2）再将实验电路改接成负反馈放大器形式，逐渐增大输入信号的幅度，使输出波形出现失真，记下最大不失真时输入、输出电压的幅度，然后与上一步数据加以比较。

表 3.2.5　负反馈对非线性失真的改善

非线性失真时输入输出电压	V_i（mV）	V_o（V）	非线性失真波形
基本放大器			
负反馈放大器			

3.2.5　实验扩展

利用仿真软件仿真并分析电流串联、电压并联、电流并联负反馈对电路输入输出电阻的影响。

3.3 差分放大电路

3.3.1 实验目的

1. 通过实验，加深对差分放大器性能特点的理解。
2. 掌握对差分放大器电路的调整及其性能指标的测试方法。

3.3.2 实验原理

我们以如图 3.3.1 所示的差分放大电路为例，来说明其工作原理及其主要性能指标。

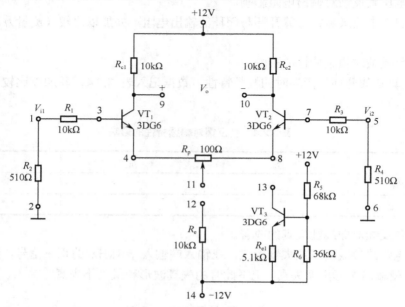

图 3.3.1 差分放大器实验电路图

其中 VT_1、VT_2 组成了差分放大器，它由两个元件参数相同的基本共射放大电路组成。当 11 与 12 相接时，构成典型差分式放大器。调零电位器 R_p 用来调节 VT_1、VT_2 的静态工作点，使得输入信号 $V_i=0$ 时，双端输出电压 $V_o=0$。R_e 为两管共用的发射极电阻，它对差模信号无负反馈作用，因而不影响差模电压放大倍数，但对共模信号有较强的负反馈作用，故可以有效地抑制零漂，稳定静态工作点。当 11 与 13 相接时，构成具有恒流源的差分式放大器，用三极管恒流源代替发射极电阻 R_e，可以进一步提高差分式放大器抑制共模信号的能力。

1. 静态工作点的估算

典型电路

$$I_E \approx \frac{|V_{EE}| - V_{BE}}{R_E} \quad （认为 V_{B1} = V_{B2} \approx 0） \tag{3.3.1}$$

$$I_{C1} = I_{C2} = \frac{1}{2} I_E \tag{3.3.2}$$

恒流源电路

$$I_{C3} \approx I_{E3} \approx \frac{\dfrac{R_2}{R_1 + R_2}\left(V_{CC} + |V_{EE}|\right) - V_{BE}}{R_{E3}} \qquad (3.3.3)$$

$$I_{C1} = I_{C2} = \frac{1}{2} I_{C3} \qquad (3.3.4)$$

2．差分放大器输入输出方式

差分放大器输入和输出方式都分为单端和双端，本次实验中采用双端输入单端输出的方式对放大器进行测试。

3．差模电压放大倍数和共模电压放大倍数

差模电压放大倍数 A_{VD} 和共模电压放大倍数 A_{VC} 分别体现了差分放大器对差模信号的放大作用和对共模信号的抑制作用，其计算公式见表 3.3.2。共模抑制比 K_{CMR} 计算公式如下：

$$K_{CMR} = \left|\frac{A_{VD}}{A_{VC}}\right| \ \text{或} \ K_{CMR} = 20\lg\left|\frac{A_{VD}}{A_{VC}}\right| (\text{dB}) \qquad (3.3.5)$$

3.3.3 实验要点

差模放大与共模放大的概念与实现。

3.3.4 实验内容

1．典型差分式放大器性能测试

1）测量静态工作点

调节放大器零点：

信号源不接入。将放大器两个输入端与地短接，接通电源，用万用表测量输出电压 V_o，调节调零电位器 R_p，使 $V_o = 0$。调节要仔细，力求准确。

测量静态工作点：

零点调好以后，用万用表测量 VT_1、VT_2 各电极电位及射极电阻 R_e 两端电压 V_{Re}，记入表 3.3.1 中。

表 3.3.1 静态工作点的测量

测量值	$V_{C1}(V)$	$V_{B1}(V)$	$V_{E1}(V)$	$V_{C2}(V)$	$V_{B2}(V)$	$V_{E2}(V)$	$V_{Re}(V)$
计算值	$I_{C1}(mA)$	$I_{C2}(mA)$	$I_{B1}(mA)$	$I_{B2}(mA)$	$V_{CE1}(V)$	$V_{CE2}(V)$	

2）测量差模电压放大倍数

将信号源的输出端接放大器左右两个输入端构成双端输入方式（注意：此时信号源浮地），给放大器输入 1kHz、100mV 的交流正弦信号，用示波器监视输出端（单端输出 V_{C1} 或 V_{C2}），在输出波形无失真的情况下，用交流数字毫伏表测 V_{C1}、V_{C2}，记入表 3.3.2 中。

3）测量共模电压放大倍数

将放大器两个输入端短接，将信号发生器接放大器左边输入端，构成共模输入方式，给放大器输入 1kHz、1V 的交流正弦信号，在单端输出电压波形无失真的情况下，测量 V_{C1}、V_{C2} 之值记入表 3.3.2 中。

2. 具有恒流源的差分式放大电路性能测试

构成具有恒流源的差分式放大电路。重复内容 1 的要求，把结果记入表 3.3.2 中。

表 3.3.2　差分放大器放大倍数的测量

	典型差分式放大电路		具有恒流源差分式放大电路	
	差模输入	共模输入	差模输入	共模输入
V_i	mV	V	mV	V
$V_{C1}(V)$				
$V_{C2}(V)$				
$A_{VD} = \dfrac{V_o}{V_i} = -\dfrac{\|V_{C1}\| + \|V_{C2}\|}{V_i}$				
$A_{VC} = \dfrac{V_o}{V_i} = -\dfrac{\|V_{C2}\| - \|V_{C1}\|}{V_i}$				
$K_{CMR} = \left\| \dfrac{A_{VD}}{A_{VC}} \right\|$				

3.3.5　实验扩展

1. 能否用毫伏表直接测量双端输出电压有效值 V_o，为什么？
2. 通过实验比较单端输入和双端输入两种情况下，其输出 V_o 值是否相同？为什么？
3. 利用仿真软件，测试用三个集成运算放大器做成的差分放大器，即仪表放大器的差模电压放大倍数及共模电压放大倍数，并计算共模抑制比 K_{CMR}，分析仪表放大器电路特点。

3.4　OTL 功率放大器

3.4.1　实验目的

1. 进一步理解功率放大电路的特点及 OTL 功率放大器的工作原理。
2. 学会 OTL 电路的调试及主要性能指标的测量方法。

3.4.2　实验原理

图 3.4.1 所示为 OTL 低频功率放大器。其中 VT_1 为推动级（也称前置放大级），VT_2，VT_3 是一对参数对称的 NPN 和 PNP 型三极管，它们组成互补推挽 OTL 功放电路。

1. 最大不失真输出功率 P_{om}

理想情况下有

$$P_{om} = \frac{1}{8} \frac{V_{CC}^2}{R_L} \tag{3.4.1}$$

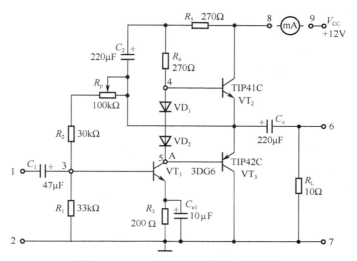

图 3.4.1　OTL 低频功率放大器电路图

在实验中可通过测量 R_L 两端的电压有效值，来求得实际的 P_{om}

$$P_{om} = \frac{V_o^2}{R_L}$$ （3.4.2）

2. 效率 η

$$\eta = \frac{P_{om}}{P_V} \times 100\%$$ （3.4.3）

式中，P_V——直流电源供给的平均功率。

理想情况下，$\eta_{max} = 78.5\%$。在实验中，可测量电源供给的平均电流 I_{dc}，从而求得 $P_V = V_{CC} I_{dc}$，负载上的交流功率已用上述方法求出，因而也就可以计算实际效率了。

3.4.3　实验要点

功率放大的实质就是电流放大，射极输出器是常用的电路形式。

3.4.4　实验内容

1. 测定静态工作点

按图接好线路，接通+12V 电源，用手触摸输出级三极管，若电流太大，管子升温显著，应立即断开电源检查原因，如果无异常现象，可开始调试。

调节电位器 R_p，用数字直流电压表（万用表直流电压挡）测量 5（A）点电位，使 V_A=8V 调整好后，测量各级静态工作点，记入表 3.4.1 中

表 3.4.1　静态工作点的测量（V_A=8V）

	VT_1	VT_2	VT_3
V_B(V)			
V_C(V)			
V_E(V)			

2．最大输出功率 P_{om} 和效率 η 的测试

1）测量最大输出功率 P_{om}

输入端接 $f=1kHz$ 的正弦信号 V_i，用示波器观察输出电压 V_o 的波形。逐渐增大 V_i，使输出电压达到最大不失真输出，用交流毫伏表测出负载 R_L 上的电压 V_{om}，按式 3.4.2 计算 P_{om}。

2）测量效率 η

当输出电压为最大不失真输出时，用电流表测出直流电源供给的平均电流 I_{dc}。由此可近似求得 $P_V=V_{CC}I_{dc}$，再根据上面测得的 P_{om}，按式 3.4.3 计算 η。

3）观察交越失真波形

保持最大不失真功率时输入信号大小及静态工作点位置不变，将 VD_1、VD_2 从电路中短接，观察并记录输出波形。

表 3.4.2 OTL 功率放大器数据表格

最大不失真输出功率 P_{om} 及效率 η			交越失真波形
$R_L=10\Omega$	$V_{om}=$ V	$P_{om}=$ W	
$V_{CC}=12V$	$I_{DC}=$ A	$P_V=$ W	
$\eta=$ %			
噪声电压	$V_N=$ mV		

4）噪声电压的测试

测量时将输入短路（$V_i=0$），观察输出噪声波形，并用交流毫伏表测量输出电压，即为噪声电压 V_N，本电路若 $V_N<15mV$，即满足要求。

5）试听

输入信号改接收音机（或录音机）输出，输出端接试听音响及示波器，开机试听，并观察语音和音乐信号的输出波形。

3.4.5 实验扩展

将电路改为 OCL 功率放大器，测量最大不失真输出功率、效率等技术指标，并与 OTL 功率放大器进行对比。

3.5 集成运算放大器的应用

3.5.1 实验目的

1．掌握集成运算放大器的反相输入、差动输入方式的基本接线和运算关系。

2．掌握反相比例运算、反相加法器、差动放大器（减法器）、微分器等运算电路基本接线和运算关系。

3．熟悉理想集成运算放大器模型。

3.5.2 实验原理

集成运算放大器按照输入方式可分为同相、反相、差动三种接法，按照运算关系可分为比例、加法、减法、积分、微分等，利用输入方式与运算关系的组合，可接成各种运算电路。

1. 反相比例运算电路

反相比例运算电路如图 3.5.1 所示。根据电路分析，这种电路的输出电压为

$$v_O = -\frac{R_f}{R_1} v_i \tag{3.5.1}$$

2. 反相加法器电路

反相加法器电路如图 3.5.2 所示，输出电压与输入电压间的关系为

$$v_o = -\left(\frac{v_{i1}}{R_1} + \frac{v_{i2}}{R_2} + \frac{v_{i3}}{R_3}\right) R_f \tag{3.5.2}$$

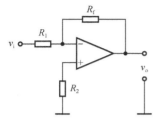

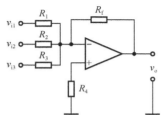

图 3.5.1　反相比例运算电路　　　图 3.5.2　反相加法器电路

3. 差动运算放大电路（减法器）

差动输入运算放大器电路如图 3.5.3 所示。根据电路分析，当 $R_1=R_2$ 且 $R_f=R_3$ 时，这种电路的输出电压为

$$v_o = (v_{i2} - v_{i1})\frac{R_f}{R_1} \tag{3.5.3}$$

4. 微分器

微分器电路如图 3.5.4 所示，根据电路分析，这种电路的输出电压为

$$v_o = -R_f C \frac{dv_i}{dt} \tag{3.5.4}$$

图中 R_i 的作用是限制高频增益，使高频增益下降为 R_f / R_i。只有当输入信号频率 $f < f_c = 1/(2\pi R_i C)$ 时电路才起微分作用。

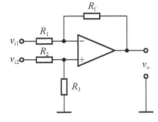

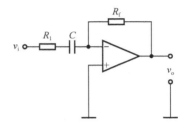

图 3.5.3　差动输入运算放大器电路　　　图 3.5.4　微分器电路

3.5.3 实验要点

运放电路分析的基础就是虚短和虚断。

3.5.4 实验内容

1. 反相比例运算电路

1）按图 3.5.1 在如图 3.5.5 所示的实验电路板上连线，取 $R_1=R_2=10\text{k}\Omega$，$R_f=100\text{k}\Omega$。

2）调节电位器 R_{p1}，选取表格中所给四组输入电压值，测量输出电压 v_o（注意，v_o 应在±12V 以内，避免运算放大器进入饱和状态）填入表 3.5.1，并与理论计算值进行比较，是否满足按比例的关系。

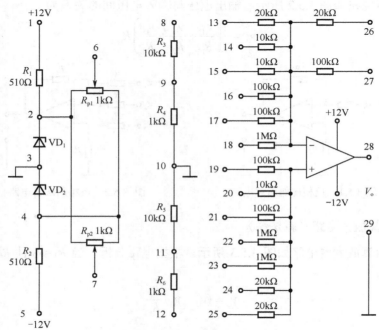

图 3.5.5　运算放大器实验板电路图

表 3.5.1　反相比例放大器输出值测量

	v_{i1}(V)	v_o(V)	v_o（计算值）
1	（+0.5）		
2	（−0.5）		
3	（−0.3）		
4	（+0.2）		

2. 反相加法器电路

1）按图 3.5.2 在如图 3.5.5 所示的实验板上连线。取 $R_1=R_4=R_f=R_2=10\text{k}\Omega$。

2）调节电位器 R_{p1}、R_{p2}，选取表格中所给四组输入电压值，测量输出电压 v_o（注意，v_o 应在±12V 以内，避免运算放大器进入饱和）填入表 3.5.2，并与理论计算值进行比较，是否满足按比例相加的关系。

表 3.5.2　反相加法器输出值测量

	v_{i1}(V)	v_{i2}(V)	v_o（V）	v_o（计算值）
1	（+1.0）	（+1.0）		
2	（−0.5）	（−1.0）		
3	（+0.5）	（−1.0）		
4	（−1.0）	（+0.3）		

3．差动放大器电路（减法器）

1）按图 3.5.3 在实验板上连线。取 $R_1= R_2=R_3=R_f= 100\text{k}\Omega$。

2）调节 R_{p1}、R_{p2}，选取表格中所给四组输入电压值，测量 v_o，填入表 3.5.3，并与理论计算值比较，是否满足减法关系。

表 3.5.3　差动放大器输出值测量

	v_{i1}(V)	v_{i2}(V)	v_o（V）	v_o（计算值）
1	（−1.0）	（+0.5）		
2	（+0.2）	（+1.0）		
3	（−1.0）	（−0.5）		
4	（+0.5）	（+1.0）		

4．微分器

表 3.5.4　微分器输入输出波形及测量

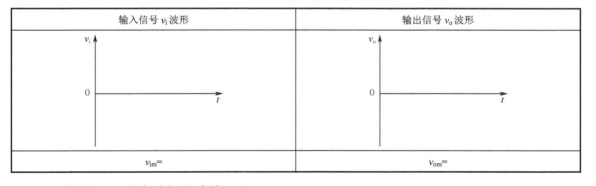

1）按图 3.5.4 在实验板上连线。取 $R_1=10\text{k}\Omega$，$R_f=100\text{k}\Omega$，$C=0.01\mu\text{F}$。

2）在输入端输入 $f=1\text{kHz}$ 的方波信号。用示波器观测 v_i、v_o 的波形，测出 v_o 的峰值，填入表 3.5.4，并与计算值比较。

3.5.5　实验扩展

设计能实现下列运算关系的运算电路：

$$u_O = 4u_{I1}$$

（3.5.5）

$$u_{O1} = -\frac{1}{\tau} \int 4u_{I1} dt \qquad (3.5.6)$$

$$u_{O2} = -\frac{1}{\tau} \int 4u_{I1} dt - 2u_{I2} \qquad (3.5.7)$$

3.6 文氏电桥振荡器

3.6.1 实验目的

了解用集成运算放大器构成的 RC 振荡电路的工作原理及调试方法。

3.6.2 实验原理

利用集成运算放大器的优良特性，根据自激振荡原理，采用正负反馈相结合，将一些线性和非线性的元件与集成运放进行不同组合，可以方便地构成性能良好的正弦波振荡器和各种波形发生器电路。由于集成运算放大器本身高频特性的限制，一般只能构成频率较低的 RC 振荡器。本实验仅限于对最基本的波形发生电路进行实验研究。

集成运放 RC 振荡器电路

集成运算放大器输入端接上具有选频特性的 RC 文氏电桥可以构成文氏电桥振荡器，产生正弦波信号。RC 文氏电桥的 RC 串并联电路的选频特性如图 3.6.1(a)所示。一般取 $R_1 = R_2 = R$，$C_1 = C_2 = C$ 时，RC 串并联电路有对称的选频特性曲线，见图 3.6.1（b），中心频率 $f_0 = 1/2\pi RC$。

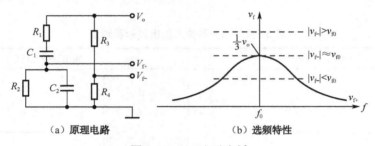

（a）原理电路　　　　　（b）选频特性

图 3.6.1　RC 文氏电桥

为了稳定输出电压幅度，实际电路中通常会给负反馈回路串联两个并联的二极管。

3.6.3 实验要点

放大电路与选频网络组合，可以构成信号发生器。

3.6.4 实验内容

1. 观察负反馈强弱对输出波形的影响

本实验电路板共提供了四种不同的 RC 串并联方式供选择。实验者可选其中的一种连线，此处选如图 3.6.2 所示电路。注意电阻、电容的选取必须使两个阻值容值相等。

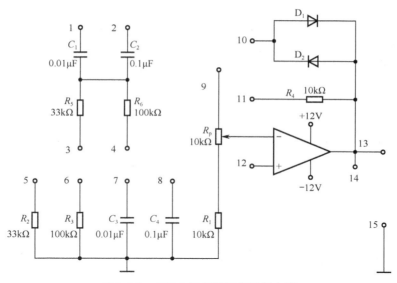

图 3.6.2 文氏电桥振荡器实验板电路

在不接入二极管的情况下调节负反馈电位器 R_p，使电路起振，并使输出上下半波产生饱和（平顶）失真。然后再调节 R_p 使失真刚好消失，得到最大不失真的正弦信号。描下失真及不失真波形，并在示波器屏幕上读出波形的峰峰值和周期，标注在波形图中，再据此计算出波形有效值和频率。把上述测量结果记入表 3.6.1 中。

在得到最大不失真输出波形的情况下，断开负反馈（即让 9 端悬空），观察波形，并记录波形及各项数据。

2．观察稳幅作用

接入稳幅二极管 VD_1、VD_2，再调节 R_p，使输出波形为最大不失真的正弦波。观察波形的稳定情况，并与不接入稳幅二极管的情况作比较。

3．测量不同 RC 时的振荡频率

换另三组 R_1、R_2、C_1、C_2 值，观察正弦波输出信号的频率变化。

表 3.6.1 RC 振荡电路的实验结果

失 真 波 形		最大不失真波形	无负反馈失真波形
v_o 0 ———————→ t		v_o 0 ———————→ t	v_o 0 ———————→ t
$V_{om}=$ V, $V_o=$ V, $T=$ ms, $f=$ Hz		$V_{om}=$ V, $V_o=$ V, $T=$ ms, $f=$ Hz	$V_{om}=$ V, $T=$ ms, $f=$ Hz
波形稳定情况	二极管接入时		
	二极管断开时		
负反馈强弱对输出波形的影响			

R_1、R_2 电阻值（kΩ）	33	33	100	100
C_1、C_2 电容值（μF）	0.01	0.1	0.01	0.1
T(ms)				
频率计算值 $f = \dfrac{1}{2\pi RC}$ （Hz）				
频率测量值*（Hz）				

* 频率测量值指根据所测周期 T 计算出 $f=1/T$。

3.6.5 实验扩展

由集成运算放大器构成的方波产生电路如图 3.6.3 所示，在实验箱上组装电路，用双踪示波器观察输出波形及反相输入端波形，测量两个波形的幅度及频率，并记录数据；调节电位器 R_P 观察两个波形的幅度及频率的变化情况，并记录变化范围。

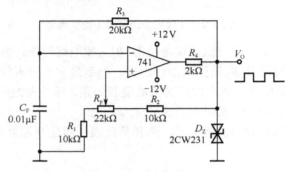

图 3.6.3　方波产生电路

第4章　模拟电路设计实验

本章包含了六个模拟电路设计性实验项目，通过综合运用有关知识来设计、安装和调试实用的电子电路，使学生提高实验和设计能力，以及独立分析和解决问题的能力，并将所学理论知识用于实际。教师可根据专业要求和课程教学要求因材施教，选择相关内容教学。

4.1　RC 有源滤波器设计

4.1.1　设计任务

本实验主要研究二阶 RC 有源滤波器的设计和调试。电路功能及性能指标要求如下：

（1）设计一个二阶 RC 有源低通滤波器，要求截止频率 f_H=1kHz，增益 A_V=2，在 f=10f_H 时，幅度衰减大于 30dB。

（2）设计一个二阶带阻滤波器，要求中心频率 f_0=50Hz，增益 A_V=1。

实验要求：

设计电路并组装调试，分析各性能指标是否满足要求，所有实验完成后，写出设计性实验报告。

4.1.2　设计要点

滤波器是选频电路，它能使所选择的频率信号通过，而抑制（或极大衰减）带外的信号。由 RC 元件与运算放大器组成的滤波器称为 RC 有源滤波器。因受运算放大器带宽的限制，此类滤波器只适用于低频范围。根据滤波器通过信号频率的范围可分为低通（LPF）、高通（HPF）、带通（BPF）、带阻（BRF）和全通滤波器（APF）等。

4.1.3　设计扩展

有一个 500Hz 的正弦波信号，经放大后发现有一定的噪声和 50Hz 的干扰，用怎样的滤波电路可改善信噪比？设计电路并调试。

4.1.4　设计思考

利用仿真软件，分析巴特沃斯、切比雪夫、贝塞尔三种二阶低通滤波器的各自特点是什么？

4.2　串联型三极管稳压电源的设计

4.2.1　设计任务

设计一个串联型三极管稳压电源，性能要求为：

1．输出电压可调，范围为 8~13V（范围上下限误差<±1V）；

2．输出电流可调（输出电压为 10V 时），范围为 12~25mA（范围误差<±5mA）；

3．稳压电路中调整管与比较放大均采用三极管，不需要考虑过流保护电路。

实验要求：

1．根据设计要求确定电路形式与结构。

2．根据已知条件确定电路中各元器件的参数。

3．在模拟电路实验箱上组装电路，进行各项动态指标调试，使之达到设计要求，并测量稳压电源的各个性能指标。

4．测量并记录单相桥式整流、电容滤波电路及稳压电路的输出波形及输出特性。

5．自拟实验步骤，并将测试结果填入自己所设计的数据表格中；所有实验完成后，写出设计性实验报告。

4.2.2 设计要点

电子设备一般都需要直流电源供电。这些直流供电除了少数直接利用干电池和直流发电机外，大多数是采用把交流电（市电）转变为直流电的直流稳压电源。

直流稳压电源由电源变压器、整流、滤波和稳压电路四部分组成，其原理框图如图 4.2.1 所示。电网供给的交流电压 v_1（220V，50Hz）经电源变压器降压后，得到符合电路需要的交流电压 v_2，然后由整流电路变换成方向不变、大小随时间变化的脉动电压 v_3，再用滤波器滤去其交流分量，就可得到比较平直的直流电压 V_o。但这样的直流输出电压，还会随交流电网电压的波动或负载的变化而变化。在对直流供电要求较高的场合，还需要使用稳压电路，以保证输出直流电压更加稳定。

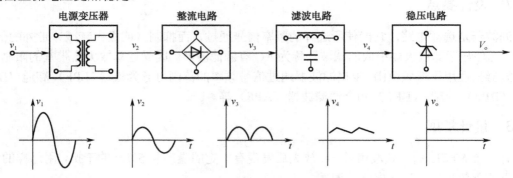

图 4.2.1 直流稳压电源的原理框图

4.2.3 设计扩展

1．用三端可调集成稳压块 W317 设计一个电压可调范围 2~10V 的稳压电源。

2．用固定输出三端集成稳压块 7805 设计一个输出电流为 0~5A 的稳压电源。

4.2.4 设计思考

电源变压器副边输出若选择 9V，稳压电路的输出电压可调范围的理论与实际值各是多少？为什么不同？

4.3 音频小信号功率放大电路设计

4.3.1 设计任务

设计一个音频小信号功率放大电路。性能指标要求如下：

（1）音频放大倍数 AV≥1000；

（2）–3dB 带宽不小于 100Hz～10kHz；

（3）输入电阻 R_1≥1MΩ；

（4）负载电阻为 8Ω时，输出功率≥2W；

（5）整机效率>50%；

（6）输出信号无明显失真。

实验要求：

（1）功率放大电路用分立元件制作，不能选用集成音频功放；

（2）技术指标在输入正弦波信号峰值 V_p=10mV 的条件下进行测试；

（3）设计报告中应有详细的测试数据说明设计结果。

4.3.2 设计要点

音频小信号功率放大电路是一个多级放大电路，主要分为前置放大级和功率放大级。前置放大级的主要任务是将小信号电压放大，一般要求输入阻抗要高，输出阻抗要低，通频带宽度要宽，噪声要小。功率放大级的主要任务是在电源电压确定的情况下，进行电流放大以驱动扬声器等负载，功率放大器决定了整机的输出功率、非线性失真系数等指标，一般要求效率高、输出功率大、失真尽可能小。

参考元器件：NE5532/TL082/OPA2134，1N4148/1N4001～7，S8050/8550 或 2N3904/3906，TIP41/42 或 2N30055/MJ2955。

4.3.3 设计扩展

1．–3dB 带宽扩展至 20Hz～20kHz；

2．负载电阻为 8Ω时，输出功率≥5W。

4.3.4 设计思考

如何提高整机效率？

4.4 三角波、方波产生电路设计

4.4.1 设计任务

设计三角波和方波产生电路。性能指标要求如下：

（1）三角波、方波的频率 f=500Hz；

（2）方波输出电压幅度峰值为 V_{OP}=9～10V；

（3）三角波输出电压幅度峰值为 $V_{OP}=5\sim6V$；

实验要求：

（1）根据设计要求确定电路形式与结构。

（2）根据已知条件确定电路中各元器件的参数。

（3）在模拟电路实验箱上组装电路，进行各项动态指标调试，使之达到设计要求，并测量三角波和方波的频率、幅度及相位关系。

（4）自拟实验步骤，并将测试结果填入自己所设计的数据表格中；所有实验完成后，写出设计性实验报告。

4.4.2 设计要点

如图 4.4.1 所示，把滞回比较器和积分器首尾相接形成正反馈闭环系统，滞回比较器和积分电路的输出互为另一个电路的输入，这时比较器输出的方波信号经过积分器积分后便得到三角波，而三角波又触发比较器自动翻转形成方波，这样即可构成三角波、方波发生器。

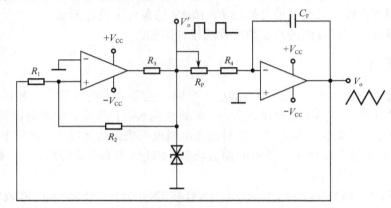

图 4.4.1　三角波、方波产生电路

4.4.3 设计扩展

增加两个二极管，调整参数，使电路输出锯齿波。

4.4.4 设计思考

能否对运放进行单电源供电实现三角波、方波发生器？如何实现？

第5章　数字电路基础实验

本章共含七个实验项目，每个项目中都包括验证和简单的单元设计内容，通过验证性实验使学生进一步理解数字电路的基本工作原理，学会使用数字集成电路、学会故障判断和调试。通过单元设计使学生掌握数字集成电路的简单应用，为综合设计打下基础。

5.1　逻辑门电路及其应用

5.1.1　实验目的

1．掌握与、或、非、与非、或非、异或门的基本逻辑功能及使用方法；
2．掌握对集成门电路引脚的判断及使用方法；
3．学习逻辑门电路的基本应用。

5.1.2　实验原理

1．正负逻辑的概念

在数字电路中，逻辑"1"与逻辑"0"可表示为两种不同的电平。在图 5.1.1（a）所示的正逻辑图例中，0～1V 为逻辑"0"，3～5V 为逻辑"1"，1～3V 之间的电压被认为是不可接受的电压取值区，逻辑状态既不是"1"，也不是"0"。如果无特别说明，本书均采用正逻辑表示方法。

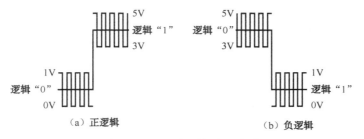

图 5.1.1　正、负逻辑表示方法

2．门电路的基本功能

数字电路包含组合电路和时序电路，组合电路在任意时刻的输出状态完全取决于当前该组合电路的输入，最基本操作就是与、或、非操作，与非、或非和异或的操作仍然是与、或、非的基本操作。与、或、非、与非、或非和异或门的逻辑符号、逻辑表达式和真值表均列于表 5.1.1 中，应熟练掌握。

在 74 系列（如 74LS、74HC 等）数字电路中，集成门电路有很多种，表 5.1.2 中列出了部分型号的门电路，供使用参考。注意 74LS、74HC 混用时，74HC 系列的器件可以驱动 74LS

系列，反之不行。74HC 门电路的输入引脚不用时，必须接固定逻辑"1"或逻辑"0"电平，不能悬空。

表 5.1.1　门电路逻辑符号及逻辑功能

逻辑符号	逻辑功能	真值表	逻辑符号	逻辑功能	真值表
A & B → Y (&)	$Y=AB$ 与	A B | Y 0 0 | 0 0 1 | 0 1 0 | 0 1 1 | 1	A B → Y (≥1 取反)	$Y=\overline{A+B}$ 或非	A B | Y 0 0 | 1 0 1 | 0 1 0 | 0 1 1 | 0
A & B → Y (& 取反)	$Y=\overline{AB}$ 与非	A B | Y 0 0 | 1 0 1 | 1 1 0 | 1 1 1 | 0	A → Y (1 取反)	$Y=\overline{A}$ 非	A | Y 0 | 1 1 | 0
A ≥1 B → Y	$Y=A+B$ 或	A B | Y 0 0 | 0 0 1 | 1 1 0 | 1 1 1 | 1	A =1 B → Y	$Y=A \oplus B$ 异或	A B | Y 0 0 | 0 0 1 | 1 1 0 | 1 1 1 | 0

表 5.1.2　部分门电路

型号（或 74HC）	功能描述	型号（或 74HC）	功能描述
74LS00	四-2 输入与非门	74LS21	双-4 输入与门
74LS02	四-2 输入或非门	74LS27	三-3 输入或非门
74LS04	六反相器	74LS30	8 输入与非门
74LS08	四-2 输入与门	74LS32	四-2 输入或门
74LS10	三-3 输入与非门	74LS86	四-2 输入异或门
74LS11	三-3 输入与门	74LS133	13 输入与非门
74LS20	双-4 输入与非门	74LS260	双-5 输入或非门

3．集成门电路的引脚识别

数字集成电路的每一个引脚各自对应一个阿拉伯数字，表示该引脚是第几脚。使用时，应在手册中了解每个引脚的作用，确认每个引脚的位置，以保证正确连线。对于 74 系列双列直插式的数字集成电路而言，定位标识有半圆和圆点两种表达形式，最靠近定位标识的引脚规定为集成电路第 1 脚，脚码为 1，其他引脚的排列次序及脚码按逆时针方向依次加 1 递增，如图 5.1.2 所示。

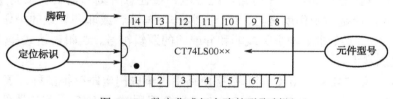

图 5.1.2　数字集成门电路的引脚判断

4. 门电路的功能验证方法

验证一个二输入与非门功能的基本方法是：按照真值表的顺序，分别在被验证的门电路输入引脚 A、B 上施加逻辑"1"或逻辑"0"所规定的电压值，同时观察被验证门电路的输出 Y 的状态，如图 5.1.3 所示。无论是使用实验台还是实验箱，验证方法是一样的。判断输出逻辑状态时，既可以用万用表测量输出电压值，也可以利用数字实验装置中的 LED 显示电路，两者方法不同，判断结果都是一样的。

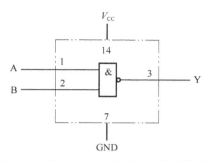

图 5.1.3　验证 74LS00 与非门功能引脚连线

在图 5.1.3 中，14、7 脚是集成门电路 74LS00 的工作电压引脚，必须接直流电压 5V，其中 5V 的正极接 14 脚，另一端接 7 脚。注意所有集成电路都有工作电压引脚端，使用时必须按照手册要求正确连接直流工作电压。

5. 门电路的参数特性

使用集成门电路或其他数字集成电路时，不仅需要熟悉每个引脚的作用及功能，还要熟悉这些器件的相关参数特性，保证正确的使用和合理的电路设计。表 5.1.3 中分别列出了 SN74LS00 的部分参数特性，从这些特性中可得出一些使用中应该注意的事项。

表 5.1.3　SN74LS00 部分参数

符　号	参　数	最小值 min	典型值 typ	最大值 max	单　位	测 试 条 件
V_{CC}	电源电压	4.75	5.0	5.25	V	
V_{IH}	输入高电平电压	2.0			V	
V_{IL}	输入低电平电压			0.8	V	
V_{OH}	输出高电平电压	2.7	3.5		V	
V_{OL}	输出低电平电压		0.25	0.4	V	$I_{OL}=4.0mA$
			0.35	0.5	V	$I_{OL}=8.0mA$
I_{IH}	高电平输入电流			20	μA	
I_{IL}	低电平输入电流			−0.4	mA	
I_{OH}	高电平输出电流			−0.4	mA	
I_{OL}	低电平输出电流			8	mA	
I_{CC}	电源电流			1.6	mA	I_{CCH}
				4.4	mA	I_{CCL}
t_{PLH}	输出上升时间		9.0	15	nS	
t_{PHL}	输出下降时间		10	15	nS	

1）SN74LS00 工作电压为 5V；

2）输入高电平的最小值 V_{IHmin} 为 2.0V，输入低电平的最大值 V_{ILmax} 为 0.8V，输出高电平的最小值 V_{OHmin} 为 2.7V，输出低电平的最大值 V_{OLmax} 为 0.4V（负载电流小于 4mA）。高电平噪声容限 V_{NH} 和低电平噪声容限 V_{NL} 分别为：

$$V_{\text{NH}} = V_{\text{OHmin}} - V_{\text{IHmin}} = 2.7\text{V} - 2\text{V} = 0.7\text{V} \qquad (5.1.1)$$

$$V_{\text{NL}} = V_{\text{ILmax}} - V_{\text{OLmax}} = 0.8\text{V} - 0.4\text{V} = 0.4\text{V} \qquad (5.1.2)$$

3）SN74LS00 平均功耗为：

$$P_{\text{D}} = V_{\text{CC}} \times I_{\text{CC}} \qquad (5.1.3)$$

由于

$$I_{\text{CC}} = \frac{I_{\text{CCH}} + I_{\text{CCL}}}{2}$$

所以

$$P_{\text{D}} = V_{\text{CC}} \times \frac{I_{\text{CCH}} + I_{\text{CCL}}}{2} = 5\text{V} \times \frac{1.6\text{mA} + 4.4\text{mA}}{2} = 15\text{mW}$$

4）工作频率 f

$$f < \frac{1}{(t_{\text{PLH}} + t_{\text{PHL}})} \qquad (5.1.4)$$

5）为保证电路中逻辑状态的可靠性，在使用 74LS00 时，应按照高电平逻辑"1"输出的负载电流小于等于 I_{OH}（0.4mA）、低电平逻辑"0"的输出负载电流小于等于 I_{OL}（8mA）的要求进行设计。

6. 门电路的应用

门电路是组合电路中最基础而又十分重要的部分，除了完成与、或、非等基本逻辑操作外，很多应用场合都可以利用门电路。

1）门控

如图 5.1.4 所示，与非门共有 A、B 两个输入端，A 端接 100Hz 方波，B 端为控制端，B 为逻辑"1"时，选通 A，输出波形如图 5.1.4（a）所示；B 为逻辑"0"时，禁止 A，此时输出波形如图 5.1.4（b）所示，这就是通常所说的门控作用。通常采用有一个控制端的单端门控和多个控制端的多端门控，与、或、与非、或非、异或都可以实现门控。

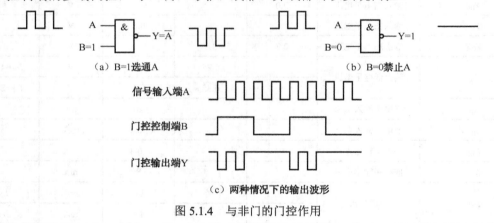

（a）B=1选通A　　　　　　　　　　（b）B=0禁止A

（c）两种情况下的输出波形

图 5.1.4　与非门的门控作用

2）编码转换

用异或门可以实现带符号数的原码和反码转换，在图 5.1.5 中，当符号位 D_5 为 1 表示负数时，转换电路的输出为输入的反码；当符号位 D_5 为 0 表示正数时，转换电路的输出为输入的原码。

3）发光二极管驱动

用门电路驱动发光二极管，可采用高电平驱动和低电平驱动两种形式，无论哪种驱动形式，应保证门电路的驱动电流大于发光二极管的工作电流。图 5.1.6 为低电平驱动发光二极管，非门输出为低电平时，发光二极管"亮"，设计该电路时，应考虑非门的驱动能力。如果使用 SN74LS04 非门驱动发光二极管，其高电平输出电流 0.4mA，低电平输出电流 8mA。

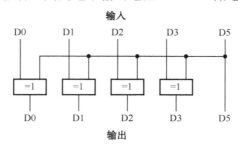

图 5.1.5　带符号位二进制数的原码和反码转换电路

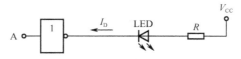

图 5.1.6　发光二极管驱动电路

表 5.1.4　SN74LS04 部分参数

符　　号	参　　数	最 小 值	典 型 值	最 大 值	单　　位	测 试 条 件
V_{OH}	输出高电平电压	2.7	3.5		V	
V_{OL}	输出低电平电压		0.25	0.4	V	I_{OL}=4.0mA
			0.35	0.5	V	I_{OL}=8.0mA
I_{OH}	高电平输出电流			-0.4	mA	
I_{OL}	低电平输出电流			8	mA	

通常 $\phi 5$ 发光二极管点亮时的正常工作电流为 10mA，而 $\phi 3$ 发光二极管点亮时的正常工作电流为 6mA，可考虑使用 $\phi 3$ 发光二极管，并采用低电平驱动形式。为了保护发光二极管，在电路中串入了一个限流电阻 R，其阻值估算为：

$$R = \frac{V_{CC} - V_D - V_{OL}}{I_D} \qquad (5.1.5)$$

其中，V_{CC}=5V；V_D 是发光二极管的工作电压，取值 2～2.5V；V_{OL} 取典型值 0.25V；I_D 是 $\phi 3$ 发光二极管工作电流，取 6mA。

如果用门电路驱动工作电流大的发光二极管或其他较大电流负载，则 74LS04 已不适用，需要选择输出电流更大的其他器件，如集电极开路门电路 74LS06 等。

5.1.3　实验要点

门电路是一种基本的单元电路，学会验证其功能，了解数字集成门电路的使用特点。

5.1.4　实验内容

1. 分别验证 74LS00（与非门）、74LS02（或非门）、74LS04（非门）74LS08（与门）、74LS32（或门）、74LS86（异或门）的功能，并记录结果。

2．逻辑设计

设计一个三人表决电路，要求如下：*A*、*B*、*C* 分别代表三个投票人，三人权力均等，不能投弃权票。"1" 表示 "同意"，"0" 表示 "反对"。*Y* 代表投票结果，"1" 表示通过，"0" 表示未通过。写出全部设计过程，连线、验证设计结果并记录。要求仅使用实验内容 1 中所给定的 6 种型号元器件。

3．参考图 5.1.6，设计发光二极管驱动电路，计算限流电阻阻值，连线验证并记录实验结果。

5.1.5　实验扩展

1．*A*、*B* 各是一个 1 位数据，用最简单的方法判断 *A* 和 *B* 是否相等，画出逻辑图并说明原理。

2．如何用 74LS20 中的一个 4 输入与非门实现一个 2 输入与非门功能？

3．如何用 74LS08 实现 4 输入与门功能？

4．如何用 74LS32 实现 4 输入或门功能？

5．如何用一个 74LS00 同时实现一个 2 输入与非门、一个非门、一个 2 输入与门的功能？

6．设计一个奇校验电路，输入任意 4 位二进制数，4 位中含 1 的个数为奇数时，该电路输出为 1，否则为 0。

5.2　编码器与译码器

5.2.1　实验目的

1．熟悉编码器的使用；

2．掌握 74LS138 译码器的功能；

3．学会用译码器同时实现多输出逻辑函数；

4．学习显示译码器及数码显示器的使用方法。

5.2.2　实验原理

1．编码器

在计算机、微控制器组成的数字系统中，都是对二进制数操作，数据是以 "0" 或 "1" 的形式处理的。我们更习惯于使用十进制数、各种字母、文字进行日常交流，为了便于人机交互，使机器能够明白人的语言，需要将十进制数、字母转换为机器认识的二进制编码，实现这种转换的过程就是 "编码" 过程，实现这种转换的器件就是 "编码器"。编码器的反操作就是解码（译码）。二进制编码中比较常见的有 BCD 码、八进制编码、十六进制编码、余 3 码、格雷码等。编码器分普通编码器和优先编码器两类。普通编码器每次只允许输入一个编码信号；优先编码器允许同时输入两个以上的编码信号，仅优先级高的那一个输入有效。

1）普通编码器

有 10 个开关，开关接通为 1，断开为 0。要求每个开关接通时，有一组 BCD 码对应输出。根据设计要求，列 10 线-4 线编码器真值表，如表 5.2.1 所示。

表 5.2.1　10 线-4 线普通编码器真值表

输　　入										输　　出			
I_0	I_1	I_2	I_3	I_4	I_5	I_6	I_7	I_8	I_9	Y_3	Y_2	Y_1	Y_0
1	0	0	0	0	0	0	0	0	0	0	0	0	0
0	1	0	0	0	0	0	0	0	0	0	0	0	1
0	0	1	0	0	0	0	0	0	0	0	0	1	0
0	0	0	1	0	0	0	0	0	0	0	0	1	1
0	0	0	0	1	0	0	0	0	0	0	1	0	0
0	0	0	0	0	1	0	0	0	0	0	1	0	1
0	0	0	0	0	0	1	0	0	0	0	1	1	0
0	0	0	0	0	0	0	1	0	0	0	1	1	1
0	0	0	0	0	0	0	0	1	0	1	0	0	0
0	0	0	0	0	0	0	0	0	1	1	0	0	1

真值表 5.2.1 中有 10 个输入变量，应包含 1024 条记录，而实际只列出了 10 条记录（表示 10 种状态），除全 "0" 输入以外的其他最小项均为约束项并等于 1。根据真值表写出的逻辑表达式为：

$$Y_3 = I_8 + I_9$$
$$Y_2 = I_4 + I_5 + I_6 + I_7$$
$$Y_1 = I_2 + I_3 + I_6 + I_7$$
$$Y_0 = I_1 + I_3 + I_5 + I_7 + I_9$$

逻辑图如图 5.2.1 所示。

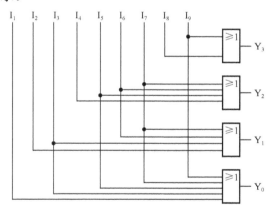

图 5.2.1　10 线-4 线编码器图

注意，所设计的电路为普通编码器，每次只能允许有一个输入为 1，如果同时有两个以上输入有效，会出现错误的输出结果。

2）74LS147　10-4 线优先编码器（BCD 输出）

优先编码器允许同时输入多个信号，但只有优先级高的那个信号有效，74LS147 真值表中输入变量角标最大的优先级最高。74LS147　10-4 线优先编码器真值表如表 5.2.2 所示。

表 5.2.2 74LS147 10-4 线优先编码器真值表（输入输出均为低有效）

输　　入									输　　出			
$\overline{I}_1$	$\overline{I}_2$	$\overline{I}_3$	$\overline{I}_4$	$\overline{I}_5$	$\overline{I}_6$	$\overline{I}_7$	$\overline{I}_8$	$\overline{I}_9$	$\overline{Y}_3$	$\overline{Y}_2$	$\overline{Y}_1$	$\overline{Y}_0$
1	1	1	1	1	1	1	1	1	1	1	1	1
×	×	×	×	×	×	×	×	0	0	1	1	0
×	×	×	×	×	×	×	0	1	0	1	1	1
×	×	×	×	×	×	0	1	1	1	0	0	0
×	×	×	×	×	0	1	1	1	1	0	0	1
×	×	×	×	0	1	1	1	1	1	0	1	0
×	×	×	0	1	1	1	1	1	1	0	1	1
×	×	0	1	1	1	1	1	1	1	1	0	0
×	0	1	1	1	1	1	1	1	1	1	0	1
0	1	1	1	1	1	1	1	1	1	1	1	0

逻辑表达式为：

$$\overline{Y}_3 = \overline{I_8 + I_9}$$

$$\overline{Y}_2 = \overline{I_7\overline{I}_8\overline{I}_9 + I_6\overline{I}_8\overline{I}_9 + I_5\overline{I}_8\overline{I}_9 + I_4\overline{I}_8\overline{I}_9}$$

$$Y_1 = \overline{I_7\overline{I}_8\overline{I}_9 + I_6\overline{I}_8\overline{I}_9 + I_3\overline{I}_4\overline{I}_5\overline{I}_8\overline{I}_9 + I_2\overline{I}_4\overline{I}_5\overline{I}_8\overline{I}_9}$$

$$Y_0 = \overline{I_9 + I_7\overline{I}_8\overline{I}_9 + I_5\overline{I}_6\overline{I}_8\overline{I}_9 + I_3\overline{I}_4\overline{I}_6\overline{I}_8\overline{I}_9 + I_1\overline{I}_2\overline{I}_4\overline{I}_6\overline{I}_8\overline{I}_9}$$

74LS147 外部引脚排列

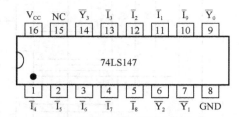

图 5.2.2 74LS147 优先编码器外部引脚排列

2．译码器

1）74LS138 译码器

译码是编码的逆过程，常见的译码器有二进制译码器、二-十进制译码器、显示译码器。
74LS138 3-8 线译码器是二进制译码器，其内部电路及逻辑框图如图 5.2.3 和图 5.2.4 所示，由
于它的输入为三位二进制代码，有三条输入线、八条输出线，故称之为 3-8 线译码器。当使能
端 S_1 = "1"、$\overline{S_2} = \overline{S_3}$ = "0" 时，译码器处于译码工作状态，译码输出低电平有效。否则译码
器为禁止状态且八个输出均为高电平。其功能如表 5.2.3 所示。

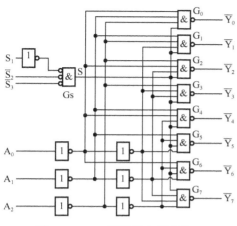

图 5.2.3　138 译码器内部电路

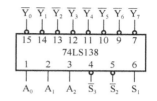

图 5.2.4　138 译码器逻辑框图

表 5.2.3　74LS138 3-8 线译码器真值表

| 输　入 | | | | | | 输　出 | | | | | | | |
| 控　制　端 | | | 选　择　端 | | | | | | | | | | |
S_1	$\overline{S_2}$	$\overline{S_3}$	A_2	A_1	A_0	$\overline{Y_0}$	$\overline{Y_1}$	$\overline{Y_2}$	$\overline{Y_3}$	$\overline{Y_4}$	$\overline{Y_5}$	$\overline{Y_6}$	$\overline{Y_7}$
1	0	0	0	0	0	0	1	1	1	1	1	1	1
1	0	0	0	0	1	1	0	1	1	1	1	1	1
1	0	0	0	1	0	1	1	0	1	1	1	1	1
1	0	0	0	1	1	1	1	1	0	1	1	1	1
1	0	0	1	0	0	1	1	1	1	0	1	1	1
1	0	0	1	0	1	1	1	1	1	1	0	1	1
1	0	0	1	1	0	1	1	1	1	1	1	0	1
1	0	0	1	1	1	1	1	1	1	1	1	1	0
0	×	×	×	×	×	1	1	1	1	1	1	1	1
×	1	×	×	×	×	1	1	1	1	1	1	1	1
×	×	1	×	×	×	1	1	1	1	1	1	1	1

2）译码器功能扩展

利用译码器使能端可实现译码器的功能扩展，并且扩展方法不只一种。图 5.2.5 实现了用两个 3-8 线译码器构成一个 4-16 线译码器的扩展连接。

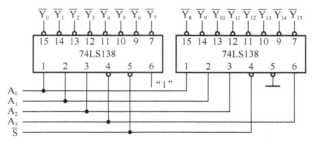

图 5.2.5　138 译码器的功能扩展

3）译码器实现多输出逻辑函数

一个 3-8 线译码器有 3 个地址码输入端，可实现最多三个输入变量的逻辑函数。例如用译码器实现逻辑函数 $F = AC + AB\overline{C} + \overline{A}BC$（见图 5.2.6）。将译码器的地址码输入端作为函数的变量输入端，令：

$A_2 = A$、$A_1 = B$、$A_0 = C$ 且 $S_1 = $ "1"、$\overline{S}_2 = \overline{S}_3 = $ "0"

则 $Y = ABC + A\overline{B}C + AB\overline{C} + \overline{A}BC = \overline{\overline{ABC + A\overline{B}C + AB\overline{C} + \overline{A}BC}}$

$= \overline{\overline{ABC} \cdot \overline{A\overline{B}C} \cdot \overline{AB\overline{C}} \cdot \overline{\overline{A}BC}} = \overline{\overline{Y}_7 \overline{Y}_5 \overline{Y}_6 \overline{Y}_3}$

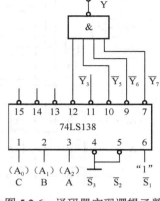

图 5.2.6 译码器实现逻辑函数

3. 显示译码器

1）LED 数码管

LED 数码管是目前较常用的数字显示器件，分共阴和共阳两类。每一个发光二极管代表一个字段，只需要点亮不同字段的发光二极管，就可以显示不同的数字。

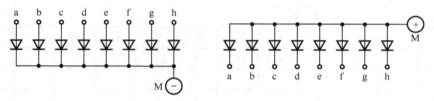

图 5.2.7 共阴（左）、共阳（右）内部连线

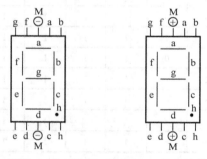

图 5.2.8 共阴（左）、共阳（右）LED 数码管符号及引脚

LED 数码管可用来显示 0～9 十进制数和小数点，数码管种类较多，大小尺寸也不同，其中小型数码管（0.5 寸和 0.36 寸）每段发光二极管的正向压降随显示光（通常为红、绿、黄、橙色）的颜色不同略有差别，通常为 2～2.5V，每个发光二极管的工作电流在 5～10mA。LED 数码管的显示需要有一个专门的译码电路驱动，译码器电路既要完成译码功能，还要有一定的驱动能力。

2）显示译码器

显示译码器主要用于译码/驱动 LED 数码管，此类译码器型号有 74LS46/246（驱动共阳）、74LS47/247（驱动共阳）、74LS48/248（驱动共阴），74LS49/249（驱动共阴）等，本实验采用 CMOS4000 系列的 CD4511 BCD 码锁存/译码/驱动器，可驱动共阴极 LED 数码管。

连接时，需要将译码器输出端对应接到 LED 数码管的输入端，并且在每一段中串入限流电阻，以保护发光二极管。

3）CD4511 功能及引脚

如图 5.2.9 所示，CD4511 共有 16 个引脚，其中 16 脚、8 脚分别接 5V 工作电压，其余引脚的功能描述如下：

D、C、B、A——BCD 码输入端；

a、b、c、d、e、f、g ——译码输出端，输出"1"有效，用来驱动共阴极 LED 数码管；

$\overline{\text{LT}}$ ——亮灯测试输入端，$\overline{\text{LT}}$ = "0" 时，译码输出全为"1"；

$\overline{\text{BI}}$ ——消隐输入端，$\overline{\text{BI}}$ = "0" 时，译码输出全为"0"；

LE——锁存端，LE=0 为正常译码。LE="1" 时译码器处于锁存（保持）状态，译码输出保持在 LE=0 时的数值。

译码器还有拒伪码功能，当输入码超过 1001 时，输出全为"0"，数码管熄灭。CD4511 的功能参考表 5.2.4。

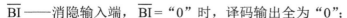

图 5.2.9　CD4511 引脚

表 5.2.4　CD4511 功能表

输 入							输 出							显示字形
LE	$\overline{\text{BI}}$	$\overline{\text{LT}}$	D	C	B	A	a	b	c	d	e	f	g	
×	×	0	×	×	×	×	1	1	1	1	1	1	1	8
×	0	1	×	×	×	×	0	0	0	0	0	0	0	消隐
0	1	1	0	0	0	0	1	1	1	1	1	1	0	0
0	1	1	0	0	0	1	0	1	1	0	0	0	0	1
0	1	1	0	0	1	0	1	1	0	1	1	0	1	2
0	1	1	0	0	1	1	1	1	1	1	0	0	1	3
0	1	1	0	1	0	0	0	1	1	0	0	1	1	4
0	1	1	0	1	0	1	1	0	1	1	0	1	1	5
0	1	1	0	1	1	0	0	0	1	1	1	1	1	6
0	1	1	0	1	1	1	1	1	1	0	0	0	0	7
0	1	1	1	0	0	0	1	1	1	1	1	1	1	8
0	1	1	1	0	0	1	1	1	1	1	0	1	1	9
0	1	1	1	0	1	0	0	0	0	0	0	0	0	消隐
0	1	1	1	0	1	1	0	0	0	0	0	0	0	消隐
0	1	1	1	1	0	0	0	0	0	0	0	0	0	消隐
0	1	1	1	1	0	1	0	0	0	0	0	0	0	消隐
0	1	1	1	1	1	0	0	0	0	0	0	0	0	消隐
0	1	1	1	1	1	1	0	0	0	0	0	0	0	消隐
1	1	1	×	×	×	×	锁　　存							锁存

5.2.3 实验要点

编码器和译码器的特点与功能。

5.2.4 实验内容

1．验证 74LS147 的功能，并记录结果。
2．验证 74LS138 的功能，并记录结果。
3．用译码器实现多输出逻辑函数（设计）。

用 138 译码器及部分门电路同时实现下述逻辑函数，画逻辑图，自制实验记录表并记录数据。

$$F_1 = AB + AC \text{；} F2 = \overline{A}BC + A\overline{B}C \text{；} F3 = \overline{A}BC + A\overline{B}\,\overline{C} + ABC$$

4．验证 CD4511 的功能，画逻辑图，并记录结果。

5.2.5 实验扩展

1．设计一个 4-2 线普通编码器，连线验证结果。
2．将优先编码器 74LS148 进行级联，并实现 16-4 线的编码。74LS148　8-3 线优先编码器真值表如表 5.2.5 所示，74LS148 引脚图如图 5.2.10 所示。

表 5.2.5　74LS148　8-3 线优先编码器真值表（输入输出均为低有效）

输　入								输　出				
$\overline{S}$	$\overline{I}_0$	$\overline{I}_1$	$\overline{I}_2$	$\overline{I}_3$	$\overline{I}_4$	$\overline{I}_5$	$\overline{I}_6$	$\overline{I}_7$	$\overline{Y}_2$	$\overline{Y}_1$	$\overline{Y}_0$	$\overline{Y}_S$	$\overline{Y}_{EX}$
1	×	×	×	×	×	×	×	×	1	1	1	1	1
0	1	1	1	1	1	1	1	1	1	1	1	0	1
0	×	×	×	×	×	×	×	0	0	0	0	1	0
0	×	×	×	×	×	×	0	1	0	0	1	1	0
0	×	×	×	×	×	0	1	1	0	1	0	1	0
0	×	×	×	×	0	1	1	1	0	1	1	1	0
0	×	×	×	0	1	1	1	1	1	0	0	1	0
0	×	×	0	1	1	1	1	1	1	0	1	1	0
0	×	0	1	1	1	1	1	1	1	1	0	1	0
0	0	1	1	1	1	1	1	1	1	1	1	1	0

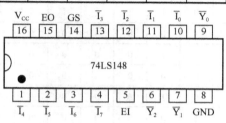

图 5.2.10　74LS148 引脚图

3．查阅 74LS47 功能，按图 5.2.11 接线，如何实现数码显示。$\overline{LE}$、$\overline{BI}/\overline{RBO}$、$\overline{RBI}$ 三端的作用是什么？注意观察 LED 数码管显示不同数字时的亮度，如何解决亮度不同问题？

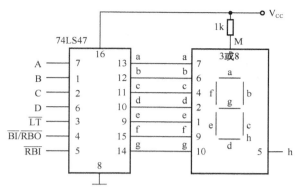

图 5.2.11 数码显示电路框图

4．查阅 74LS139 功能，如何实现逻辑函数：
$$F_1 = AB + AC ; \quad F2 = \overline{A}BC + A\overline{B}C ; \quad F3 = \overline{A}BC + A\overline{B}C + ABC$$

5.3 数据选择器与分配器

5.3.1 实验目的

1．掌握数据选择器的功能；
2．学会使用数据选择器；
3．学习运用数据选择器实现逻辑函数；
4．了解分配器的功能。

5.3.2 实验原理

1．数据选择器

数据选择器是一种组合逻辑电路，具有多个数据输入端、一个数据输出端（有的数据选择器具有两个互补输出端），每次有选择地仅允许其中某一个输入端的数据在输出端输出。为了实现对数据输入端的选择，数据选择器必须具有选择控制端，称之为"选择端"（也叫地址码输入端）。如果数据选择器有 N 个数据输入端，则有 $n = \log_2 N$ 个选择端，两者间应满足关系式 $2^n = N$。数据选择器框图如图 5.3.1 所示。

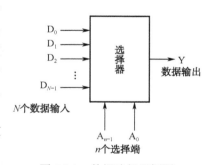

图 5.3.1 数据选择器框图

2．4 选 1 数据选择器

4 选 1 数据选择器共有 D_0、D_1、D_2、D_3 四个数据输入端，输出端为 Y。选择端（$n = \log_2 4 = 2$）共 2 个，分别为 A_1、A_0。真值表如表 5.3.1 所示。根据真值表可写出这个 4 选 1 数据选择器的逻辑表达式为：

$$Y = D_0 \overline{A_1}\,\overline{A_0} + D_1 \overline{A_1} A_0 + D_2 A_1 \overline{A_0} + D_3 A_1 A_0 \tag{5.3.1}$$

表 5.3.1　4 选 1 数据选择器真值表

输　　入			输　　出
数　据　源	选　择　端		
D	A_1	A_0	Y
$D_0 \sim D_3$	0	0	D_0
$D_0 \sim D_3$	0	1	D_1
$D_0 \sim D_3$	1	0	D_2
$D_0 \sim D_3$	1	1	D_3

再根据逻辑表达式（5.3.1），得到图 5.3.2 所示的逻辑图。

3. 74LS153 双 4 选 1 数据选择器

数据选择器有许多种,如 2 选 1(74LS157、74LS158)、4 选 1（74LS153）、8 选 1（74LS151）、16 选 1（74LS150）数据选择器等。74LS153 是双 4 选 1 数据选择器,内部电路原理图和逻辑框图如图 5.3.3 所示。在上节 4 选 1 电路的基础上又增加了一个 4 选 1 电路,构成双 4 选 1 数据选择器。并且在每个 4 选 1 电路中增加了"使能"控制端,分别记为 $\overline{S}_1$、$\overline{S}_0$,起到信号选通的作用。A_1、A_0 是

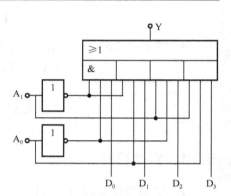

图 5.3.2　4 选 1 数据选择器逻辑图

两个 4 选 1 数据选择器的公共选择输入端,连接的方法和工作原理未变。两个数据选择器的输出逻辑表达式分别为:

$$Y_1 = S_1 \cdot (D_{10}\overline{A}_1\overline{A}_0 + D_{11}\overline{A}_1 A_0 + D_{12}A_1\overline{A}_0 + D_{13}A_1 A_0) \qquad （5.3.2）$$

$$Y_2 = S_2 \cdot (D_{20}\overline{A}_1\overline{A}_0 + D_{21}\overline{A}_1 A_0 + D_{22}A_1\overline{A}_0 + D_{23}A_1 A_0) \qquad （5.3.3）$$

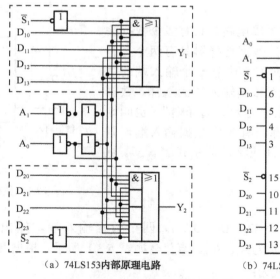

（a）74LS153 内部原理电路　　　　　（b）74LS153 逻辑框图

图 5.3.3　74LS153 内部电路原理图及逻辑框图

4. 数据选择器功能扩展

数据选择器的功能扩展（级联）是指用两个 4 选 1 实现 8 选 1，用两个 8 选 1 实现 16 选 1，扩展方法不是唯一的。图 5.3.4 实现了用两个 4 选 1 数据选择器构成一个 8 选 1 数据选择器的扩展连接，其工作列表如表 5.3.2 所示。

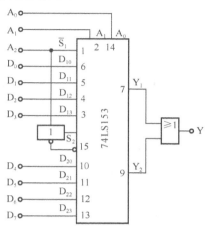

图 5.3.4　数据选择器功能扩展

表 5.3.2　双 4 选 1 构成 8 选 1 的工作列表

选择端输入状态	选中的选择器单元	输出 Y
$A_2A_1A_0 = 0 \times \times$、$\overline{S_1} = 0$、$\overline{S_2} = 1$	选择器 1 有效， 选择器 2 无效且 $Y_2 = 0$	$Y = Y_1 + Y_2 = Y_1$
$A_2A_1A_0 = 1 \times \times$、$\overline{S_1} = 1$、$\overline{S_2} = 0$	选择器 2 有效， 选择器 1 无效且 $Y_1 = 0$	$Y = Y_1 + Y_2 = Y_2$

5. 实现逻辑函数

实现逻辑函数

$$F = \overline{A}B\overline{C} + A\overline{B}\overline{C} + \overline{A}BC + ABC \tag{5.3.4}$$

1）用 74LS153 中的一个 4 选 1 数据选择器实现

参考式 4.3.2，令 $A_1 = B$、$A_0 = C$，求得：

$$D_{10} = A、D_{11} = 0、D_{12} = \overline{A}、D_{13} = 1$$

逻辑图如图 5.3.5（a）所示。

2）用 74LS153 连成的 8 选 1 数据选择器实现

用图 5.3.4 中 8 选 1 选择器实现时，令选择端：

$$A_2 = A、\quad A_1 = B、\quad A_0 = C，$$

则 D3 = D4 = D5 = D7 = 1，D0 = D1 = D2 = D6 = 0，逻辑图如图 5.3.5（b）所示。

6. 分配器

分配器完成与数据选择器相反的操作，是实现单数据输入、多数据输出的功能，每次只能选择多个数据输出端中的一个作为数据输出，其原理如图 5.3.6 所示。

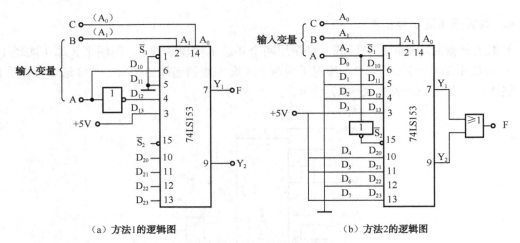

(a) 方法1的逻辑图 (b) 方法2的逻辑图

图 5.3.5　数据选择器实现逻辑函数

74LS138 译码器可以实现分配器功能，只需将译码器的某个"使能端"作为数据输入、译码器的"地址码"作为选择端、译码器输出作为分配器输出，其余"使能端"仍作为"使能端"用即可。除了 74LS138 之外，其他具有与 74LS138 类似功能的译码器也可作为分配器使用。

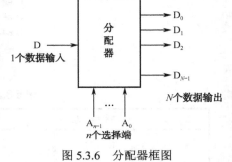

图 5.3.6　分配器框图

5.3.3　实验要点

数据选择器的特点与使用。

5.3.4　实验内容

1. 验证 74LS153 功能

参考图 5.3.3（b），验证 74LS153 功能，并记录验证的实验数据。

表 5.3.3　实验内容 1 记录

数据输入端 D_{1i}	控制端 $\overline{S}_1$	选择端		输出端 Y_1
		A_1	A_0	
D_{10}	0	0	0	
D_{11}	0	0	1	
D_{12}	0	1	0	
D_{13}	0	1	1	
×	1	×	×	

2. 数据选择器功能扩展

按图 5.3.4 接线，用双 4 选 1 组成 8 选 1 数据选择器，验证功能并记录实验数据。

3. 逻辑设计

用数据选择器实现下列函数，验证设计结果并记录数据。

$$F = \overline{A}BC\overline{D} + \overline{A}\overline{B}\overline{C}\overline{D} + \overline{A}\overline{B}CD + \overline{A}B\overline{C}D + A\overline{B}CD$$

表 5.3.4　实验内容 2 记录

选　择　端			输　出　端
A_2	A_1	A_0	Y
0	0	0	
0	0	1	
0	1	0	
0	1	1	
1	0	0	
1	0	1	
1	1	0	
1	1	1	

5.3.5　实验扩展

1. 只用两片 74LS153 构成一个 8 选 1 电路，如何实现？画逻辑图。

2. 实现一个 4 变量的逻辑函数，采用哪种数据选择器能够使设计更简单？为什么？

3. 设计一个十字路口红绿灯显示逻辑电路。设东、南、西、北方向各有一个传感器，有车时传感器输出逻辑 1，无车时传感器输出逻辑 0，交通灯按下列规则控制：

1）东、西方向绿灯亮的条件：①E、W 同时有车；②E、S、W、N 均无车；③E、W 中一个有车，而 S、N 中不是同时有车。

2）南、北方向绿灯亮的条件：①S、N 同时有车，但 E、W 不能同时有车；②S、N 中任一个有车，但 E、W 均无车。

4. 用数据选择器可以实现序列发生器，试分析如何实现 10101011 循环序列的产生。

5. A 房间内有 8 个数据源，都可产生 0、1 序列信号。B 房间内有 8 个接收点。如果需要将 A 房间内的任意一个数据源的数据送到 B 房间任意一个接收点上，如何实现有线连接，并使连线较少。

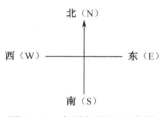

图 5.3.7　交通灯设计示意图

5.4　触发器与寄存器

5.4.1　实验目的

1. 学习用门电路组成基本 RS 触发器；

2. 学会使用集成触发器；

3. 运用触发器实现同步时序电路设计；

4. 学习用触发器构成寄存器。

5.4.2 基本原理

1. 基本 RS 触发器

用与非门构成基本 RS 触发器中（见图 5.4.1），$\overline{S}$、$\overline{R}$ 为两个输入端，低电平有效。$\overline{S}$ 的作用是置位（Set），让触发器输出 Q 为 "1"；$\overline{R}$ 的作用是复位（Reset），让触发器输出 Q 为 "0"。其特性方程为 $Q^{n+1} = S + \overline{R}Q^n$，约束条件为 $\overline{R} + \overline{S} = 1$，不允许 $\overline{R}$ 与 $\overline{S}$ 同时为 "0"。与非门 RS 触发器真值表如表 5.4.1 所示。

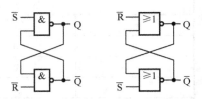

图 5.4.1 两种形式的基本 RS 触发器

表 5.4.1 与非门 RS 触发器真值表

输 入		输 出	说 明
$\overline{R}$	$\overline{S}$	Q^{n+1}	
0	0	无效	破坏约束条件
0	1	0	复位
1	0	1	置位
1	1	Q^n	保持原状态

或非门也可构成基本 RS 触发器，输入为高电平有效，特性方程为 $Q^{n+1} = S + \overline{R}Q^n$，约束条件为 $RS = 0$，输入不能同时为 "1"。

2. 边沿触发的集成 D 触发器

集成触发器 74LS74 为上升沿触发的双 D 边沿触发器，有预置和清零功能，特性方程为：

$$Q^{n+1} = D$$

触发器的输出状态由在触发脉冲上升沿处 D 的状态所决定。边沿 D 触发器逻辑符号如图 5.4.2 所示，$1\overline{S}$ 为 "置1"（置位）端，置 1 的结果使 $1Q = 1$；$1\overline{R}$ 为 "清0"（复位）端，清 0 的结果使 $1Q = 0$。$1\overline{S}$、$1\overline{R}$ 不允许同时为 0，平时接高电平。

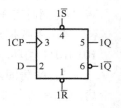

图 5.4.2 边沿 D 触发器逻辑符号

3. 边沿触发的集成 JK 触发器

74LS112 为下降沿触发的双 JK 触发器，有预置和清零功能，特性方程为：

$$Q^{n+1} = J\overline{Q^n} + \overline{K}Q^n$$

触发器的输出状态由在触发脉冲下降沿处 J、K、Q^n 的状态所决定，将 J、K、Q^n 的状态值代入 JK 触发器特性方程可得到 Q^{n+1} 的状态。JK 边沿触发器逻辑符号如图 5.4.3 所示，$1\overline{S}$、$1\overline{R}$ 分别为 "置1" 和 "清0" 端，均为低电平有效，平时应接高电平，不允许同时为 0。

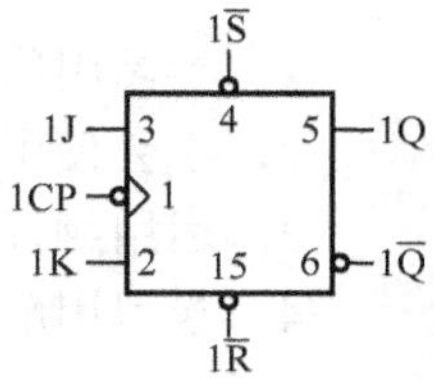

4. 触发器构成移位寄存器、环行计数器、扭环计数器

多个 JK 触发器可构成具有串行输入（串入）并行输出（并出）或串行

图 5.4.3 边沿 JK 触发器逻辑符号

输出（串出）的移位寄存器，电路连接方式如图5.4.4所示。

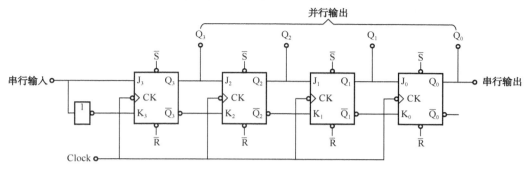

图5.4.4　4位串入、并出/串出右移寄存器

如果把图5.4.4中的Q_0输出端与串行输入端相连，初始化置位Q_0为"1"、复位其他3个触发器，则构成环形计数器（见图5.4.5），并行输出4种输出状态，分别为：0001、1000、0100、0010。

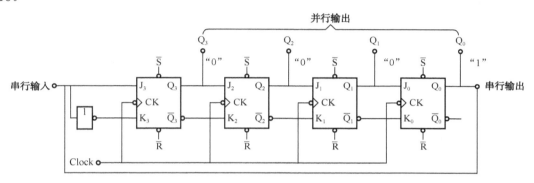

图5.4.5　4位环形计数器

在图5.4.4中，如果把$\overline{Q}_0$输出端与串行输入端相连并复位所有触发器，构成扭环计数器（见图5.4.6），并行输出有8种输出状态，分别为：0000、1000、1100、1110、1111、0111、0011、0001。

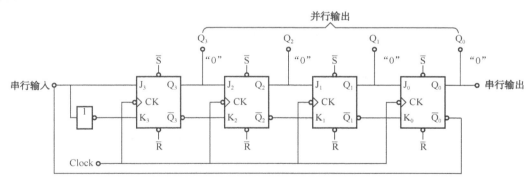

图5.4.6　4位扭环计数器

5. 用触发器实现同步时序电路设计的方法

设计同步时序电路的方法和步骤如下：

① 根据设计要求画状态转换图或状态转换表；

② 由状态转换图或状态转换表写状态方程；

③ 选定所使用的触发器类型并写出该触发器的特性方程；

④ 通过比较状态方程和触发器特性方程，得到驱动方程；

⑤ 写输出方程；

⑥ 画逻辑图并连线验证。

5.4.3 实验要点

触发器的特点与使用。

5.4.4 实验内容

1. RS 触发器功能验证

验证与非门构成的 RS 触发器功能（参考图 5.4.1），按表 5.4.2 要求的顺序观测 Q、$\overline{Q}$ 输出状态并记录验证结果。

表 5.4.2　RS 触发器功能验证记录

输　　入		输　　出		触发器状态
$\overline{R}$	$\overline{S}$	Q	$\overline{Q}$	
0	1			
1	1			
1	0			
1	1			

2. D 触发器功能验证

参考图 5.4.2，验证 74LS74 D 触发器置位、复位功能。触发器的置位、复位与触发器初始状态和触发脉冲的有无无关。

表 5.4.3　1$\overline{S}$、1$\overline{R}$ 功能验证记录

置　位　端	复　位　端	输　　出		状态
1$\overline{S}$	1$\overline{R}$	1Q	1$\overline{Q}$	
0	1			
1	0			

按照表 5.4.4 要求，验证触发器功能。可利用触发器的置位和复位功能，设置触发器的初始状态。

表 5.4.4　D 触发器功能验证实验记录

置　位　端	复　位　端	输　入　端	触　发　端	输　　出　　端		
1$\overline{S}$	1$\overline{R}$	D	CP	1Q^0	1Q^1	1Q^2
1	1	0	↑	0		

置 位 端	复 位 端	输 入 端	触 发 端	输 出 端		
$1\bar{S}$	$1\bar{R}$	D	CP	$1Q^0$	$1Q^1$	$1Q^2$
1	1	0	↑	1		
1	1	1	↑	0		
1	1	1	↑		1	

3．JK 触发器功能验证

参考图 5.4.3，验证 74LS112 JK 触发器置位、复位功能。触发器的置位、复位与触发器初始状态和触发脉冲无关。

表 5.4.5　$1\bar{S}$、$1\bar{R}$ 功能验证记录

置 位 端	复 位 端	输 　 出		状 　 态
$1\bar{S}$	$1\bar{R}$	1Q	$1\bar{Q}$	
0	1			
1	0			

按照表 5.4.6 要求，验证触发器功能。可利用触发器的置位和复位功能，设置触发器的初始状态。

表 5.4.6　JK 触发器功能验证实验记录

置位	复位	输入		触发	输出			置位	复位	输入		触发	输出		
$1\bar{S}$	$1\bar{R}$	J	K	CP	$1Q^0$	$1Q^1$	$1Q^2$	$1\bar{S}$	$1\bar{R}$	J	K	CP	$1Q^0$	$1Q^1$	$1Q^2$
1	1	0	0	↓	0			1	1	1	0	↓	0		
1	1	0	0	↓	1			1	1	1	0	↓	1		
1	1	0	1	↓	0			1	1	1	1	↓	0		
1	1	0	1	↓	1			1	1	1	1	↓	1		

4．同步时序电路设计

用 JK 触发器构成一个同步 3 进制加法计数器，带进位输出。

5.4.5　实验扩展

1．机械开关的触点接通时，存在数毫秒的开关抖动，会产生多个脉冲，直接影响数字电路正常工作。利用基本 RS 触发器消除开关抖动所产生的干扰。

2．在某电路中，存在 1 个 D 触发器、2 个 JK 触发器。要求该电路接通电源后，D 触发器初始状态自动为"1"，JK 触发器初始状态自动为"0"，设计电路并实现。

3．将变化幅度为 0～5V、频率为 200Hz、占空比为 25%的矩形波变换为 100Hz 和 50 Hz 的两路方波输出。

4．用 JK 触发器构成一个同步可逆 4 进制计数器。其中 G 为控制端，G=0 实现加法计数，G=1 实现减法计数。

5.5 集成计数器

5.5.1 实验目的

1. 熟悉集成计数器 74LS163 的功能；
2. 学会使用集成计数器 74LS161 与 74LS163；
3. 掌握运用复位法和置数法实现任意进制计数器；
4. 学会同步集成计数器的级联方法。

5.5.2 实验原理

1. 74LS163 集成计数器功能

集成计数器 74LS163 是 4 位二进制同步计数器，具有同步置数、同步清零功能，外部引脚如图 5.5.1 所示。$\overline{\text{CLR}}$ 为同步清零端，CP 为时钟输入端，P、T 为使能端，$\overline{\text{LD}}$ 为置数控制端，A、B、C、D 分别为置数输入端，Q_A、Q_B、Q_C、Q_D 分别为 4 位二进制输出端，O_C 为进位输出，O_C 平时为 "0"，当 Q_A、Q_B、Q_C、Q_D 均为 "1" 时，O_C 才为 "1"。集成计数器 74LS163 的功能如表 5.5.1 所示。计数器为同步清零，需要同时满足 CP 时钟输入上升沿存在与 $\overline{\text{CLR}}$ 低电平有效两个条件，才能使计数器清零。该集成电路又具有同步置数功能，只有同时满足 $\overline{\text{LD}}$ 低电平有效与 CP 上升沿有效，才能够使计数器置数。利用同步清零和同步置数的方法可实现任意进制计数器的设计。

图 5.5.1　74LS163 外部引脚

表 5.5.1　74LS163 功能表

输 入									输 出			
$\overline{\text{CLR}}$	$\overline{\text{LD}}$	P	T	D	C	B	A	CP	Q_D	Q_C	Q_B	Q_A
0	×	×	×	×	×	×	×	↑	0	0	0	0
1	0	×	×	D	C	B	A	↑	D	C	B	A
1	1	0	×	×	×	×	×	↑	保持			
1	1	×	0	×	×	×	×	↑	保持			
1	1	1	1	×	×	×	×	↑	计数			

2. 74LS161 集成计数器

集成计数器 74LS161 是 4 位二进制同步计数器，具有同步置数、异步清零功能，外部引脚与 74LS163 完全兼容。除 74LS161 计数器为异步清零外，其他功能与 74LS163 一样。异步清零只需满足 $\overline{\text{CLR}}$ 低电平有效就能使计数器清零。

3．复位法实现任意进制计数器

如果一个 4 位二进制计数器从 0000 开始计数，并构成 N 进制计数器，在第 N 个计数脉冲到来时，该计数器应归零，使输出为 0000。归零的方法有两种：①利用计数器的 $\overline{\text{CLR}}$ 清零功能实现归零，叫做"用复位法实现任意进制计数器"；②利用计数器的 $\overline{\text{LD}}$ 置数功能实现归零，叫"用置位法实现任意进制计数器"。

对于同步清零计数器，应使其输出状态为 $N-1$ 时，让 $\overline{\text{CLR}}$ 端为 0，当第 N 个脉冲来时计数器归零；对于异步清零计数器，应使其输出状态为 N 时，让 $\overline{\text{CLR}}$ 端为 0。

例如：用同步清零计数器 74LS163 复位法实现 8 进制计数器。当 $Q_DQ_CQ_BQ_A$ 为 0111 时 $\overline{\text{CLR}}=0$，状态转换图如图 5.5.2 所示，根据状态转换图得到

$$\overline{\text{CLR}} = \overline{\overline{Q_D}Q_CQ_BQ_A}$$

接线如图 5.5.2。还可以根据实际设计要求用更简单的方法实现。

用异步清零计数器 74LS161 复位法实现 8 进制计数的 $\overline{\text{CLR}}$ 端连线表达式为：

$$\overline{\text{CLR}} = \overline{Q_D\overline{Q_C}Q_B\overline{Q_A}}$$

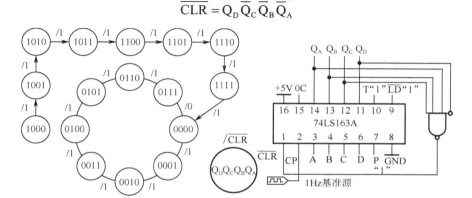

图 5.5.2　74LS163 复位法实现 8 进制计数器状态转换图及接线

4．置数法实现任意进制计数器

74LS163、74LS161 均为同步置数，用置数法实现任意进制计数器的设计方法是一样的。"置数"就要用到置数输入端 D、C、B、A，如果 D、C、B、A 均为 0，当计数器输出状态为 $N-1$ 时，使 $\overline{\text{LD}}$ 端为 0，则第 N 个计数脉冲到来时计数器置数 0000，从而实现了 N 进制计数器的归零功能。利用置数法还可实现模值为 N 的计数器设计，使用方法很灵活。

5．74LS163 功能扩展

按照图 5.5.3 连线，可以将两片 4 位二进制计数器连接为 8 位二进制计数器，并且仍保留置数、清零、保持功能。其计数范围为 00000000～11111111，进位信号为左边 74LS163（2）的 15 脚 O_C 端。

5.5.3　实验要点

计数器的特点及使用。

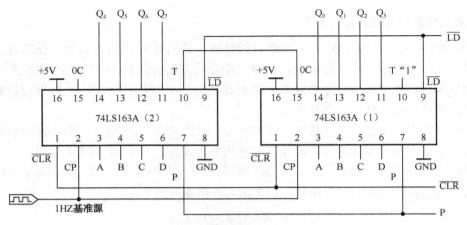

图 5.5.3 74LS163 功能扩展

5.5.4 实验内容

1. 验证 74LS163 的功能

参考表 5.5.1，验证 74LS163 功能。

2. 用复位法设计任意进制计数器

（1）选用 74LS163 器件，用复位法设计一个 5 进制计数器，要求有进位信号，画电路图，用状态转换图形式记录实验数据。

（2）选用 74LS161 器件，用复位法设计一个 5 进制计数器，要求有进位信号，画电路图，用状态转换图形式记录实验数据。

3. 用置数法设计任意进制计数器

选用 74LS163 器件，用置数法设计一个 12 进制计数器。要求有进位信号，如何实现？画电路图，用状态转换图形式记录实验数据。

5.5.5 实验扩展

1. 将两片 163 级联成一个 8 位的二进制计数器，自己连线并验证结果。

2. 利用复位法将"实验扩展 1"的 8 位二进制计数器接成 100 进制计数器，连线验证结果。

3. 用两片 74LS160 构成 100 进制计数器，分析与"实验扩展 2"的 100 进制计数器有什么不同。

4. 怎样用两片 74LS161 及必要的门电路构成一个 60 进制的计数器？形式不限。

5. 在图 5.5.2 中，为了简化设计和减少连线，应怎样调整电路，如何改变状态转换图。

5.6　555 电路及其应用

5.6.1　实验目的

1. 熟悉 555 电路结构、工作原理及其特点；
2. 掌握 555 构成多谐振荡器电路的基本方法；
3. 学习用 555 电路构成施密特整形电路；
4. 学习用 555 电路构成单稳态电路。

5.6.2　实验原理

555 集成电路是通用集成电路，有双极型和 CMOS 型两种技术，具有定时、产生脉冲、产生时间延迟、脉冲宽度调制、脉冲位置调制以及产生线性斜波函数等功能。555 电路又称为集成定时器或集成时基电路，是一种数字、模拟混合型的中规模集成电路，可工作在无稳和单稳两种模式下，脉冲定时范围可从微秒到小时。由于内部电压标准使用了三个 5kΩ 电阻，故取名 555 电路。双极型和 CMOS 型的结构和工作原理类似，二者的逻辑功能和引脚排列也完全相同，可互换。双极型产品型号用 555 或 556 表示，电源电压 V_{CC} = +5～+15V，通常可提供 ±200mA 的电流。CMOS 产品型号用 7555 或 7556 表示。电源电压可为 +3～+18V，最大负载电流 4mA。555 和 7555 是单定时器，556 和 7556 是双定时器。

1．555 电路的工作原理

555 电路的内部电路如图 5.6.1 所示。$V_{R1} = (2/3)V_{CC}$、$V_{R2} = (1/3)V_{CC}$。在 $\overline{R}_D$ 为 "1" 的前提下，当输入信号 $v_{i1} < V_{R1}$、$v_{i2} < V_{R2}$ 时，555 的 3 脚输出高电平，放电开关管 VT_D 截止；当输入信号 $v_{i1} < V_{R1}$、$v_{i2} > V_{R2}$ 时，555 的输出端保持原输出状态不变；当输入信号 $v_{i1} > V_{R1}$ 时，555 的 3 脚输出端总是输出低电平，放电开关管 VT_D 的发射结为导通状态。

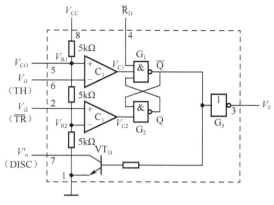

图 5.6.1　555 定时器内部框图

555 定时器主要是与电阻、电容构成充放电电路，并由两个比较器来检测电容器上的电压，以控制输出电平的高低和放电开关管的通断，可方便地构成单稳态触发器、多谐振荡器、施密特触发器等脉冲产生或波形变换电路。

2．555 多谐振荡器电路

1）构成多谐振荡器

555 定时器和外接元件 R_1、R_2、C 构成多谐振荡器。电路没有稳态，仅存在两个暂稳态，电路亦不需要外加触发信号，利用电源通过 R_1、R_2 向 C 充电，以及由 C、R_2、放电开关管 VT_D 的集电极、发射极构成的放电回路放电，使电路产生振荡。电容 C 在 $(1/3)V_{CC}$ 和 $(2/3)V_{CC}$ 之间充电和放电，其波形如图 5.6.2 所示，振荡频率为：

$$f = \frac{1}{T} = \frac{1}{(R_1 + 2R_2)C\ln 2} \tag{5.6.1}$$

占空比为：

$$q = \frac{T_{W1}}{T_{w1} + T_{w2}} = \frac{(R_1 + R_2)C\ln 2}{(R_1 + 2R_2)C\ln 2} = \frac{R_1 + R_2}{R_1 + 2R_2} \tag{5.6.2}$$

555 电路要求 R_1 与 R_2 均应大于或等于 $1k\Omega$，但 $R_1 + R_2$ 应小于或等于 $3.3M\Omega$。

外部元件的稳定性决定了多谐振荡器的稳定性，555 定时器配以少量的元件即可获得较高精度的振荡频率并具有较强的功率输出能力。因此这种形式的多谐振荡器应用很广。注意图 5.6.1 的振荡电路不能产生方波。

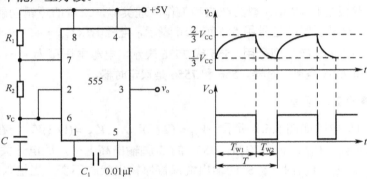

图 5.6.2　多谐振荡器电路及波形

2）占空比可调多谐振荡器电路

图 5.6.3 所示电路增加了一个电位器和两个导引二极管。VD_1、VD_2 用来决定电容充、放电电流流经电阻的途径。充电时 VD_1 导通，VD_2 截止；放电时 VD_1 截止，VD_2 导通。

占空比为：

$$q = \frac{T_{w1}}{T_{w1} + T_{w2}} \approx \frac{0.7R_A C}{0.7C(R_A + R_B)} = \frac{R_A}{R_A + R_B} \tag{5.6.3}$$

可见，若取 $R_A = R_B$，电路即可输出占空比为 50% 的方波信号。

3）占空比连续可调并能独立调节振荡频率的多谐振荡器电路

电路如图 5.6.4 所示。调节 R_{W1} 改变振荡频率，调节 R_{W2} 改变输出占空比。

3．构成单稳态触发器

图 5.6.5（a）为由 555 定时器和外接定时元件 R、C 构成的单稳态触发器，平时 3 脚输出为低电平（稳态）。当有一个外部负脉冲触发信号经 C_1 加到 2 端，并使 2 端电位瞬时低于 $(1/3)V_{CC}$ 时，单稳态电路输出高电平（暂态），经过持续时间 T_w，输出从高电平返回低电平。波形如图 5.6.5（b）所示。

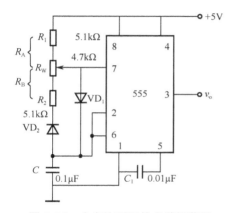

图 5.6.3 占空比可调的多谐振荡器

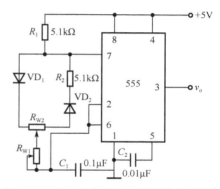

图 5.6.4 占空比与频率可调的多谐振荡器

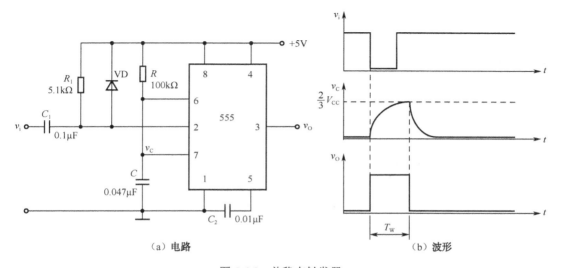

（a）电路 　　　　　　　　　　（b）波形

图 5.6.5 单稳态触发器

暂态的持续时间 T_w 决定于外接元件 R、C 值的大小。

$$T_w = 1.1RC \qquad (5.6.4)$$

通过改变 R、C 的大小，可使延时时间在几个微秒到几十分钟之间变化。当这种单稳态电路作为计时器时，可直接驱动小型继电器，并可以使用复位端（4 脚）接地的方法来中止暂态，重新计时。

4．组成施密特触发器

施密特触发器电路如图 5.6.6 所示，被整形变换的电压为正弦波 v_S，经二极管 VD 得到半波整流波形 v_i。当 v_i 上升到 $(2/3)V_{CC}$ 时，v_o 从高电平翻转为低电平；当 v_i 下降到 $(1/3)V_{CC}$ 时，v_o 又从低电平翻转为高电平。波形及电压传输特性曲线如图 5.6.7 所示。

回差电压为：

$$\Delta V = \frac{2}{3}V_{CC} - \frac{1}{3}V_{CC} = \frac{1}{3}V_{CC}$$

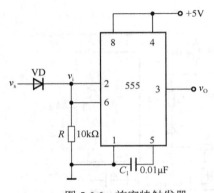
图 5.6.6 施密特触发器

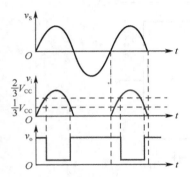
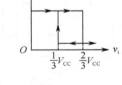
图 5.6.7 波形变换图及电压传输特性曲线

5.6.3 实验要点

555 电路的特点及使用。

5.6.4 实验内容

1. 设计多谐振荡器

参考图 5.6.2，设计一个多谐振荡器。①要求振荡频率 $f = 1\text{kHz}$，占空比 $q = 0.75$，取 $C = 0.1\mu\text{F}$，求 R_1、R_2 的值。②按图连线，用双踪示波器同时测量 v_s、v_o 的波形，画出被测量的波形并记录测量值，标明单位，记入表 5.6.1。各测量值与设计值是否一致？

表 5.6.1 设计多谐振荡器实验记录

$T_{设计值}$	$T_{W1设计值}$	$q_{设计值}$	$T_{测量值}$	$T_{W1测量值}$	$q_{测量值}$

2. 构成施密特触发器

按图 5.6.6 接线，V_S 为正弦波信号，频率为 1000Hz，幅度值从 0V 开始逐步增大，当输出信号产生整形波形后，用双踪示波器同时测量和画出 v_i 和 v_o 的波形。测量 v_i 的周期 T_i、正向阈值电压 V_{T+}、负向阈值电压 V_{T-}。测量 v_o 的周期 T_O、幅值 V_{Om}。

3. 单稳态触发器

参照图 5.6.7 接线，555 构成单稳态触发器。v_i 接 100Hz 方波，用双踪示波器同时测量 v_i、v_o 波形，数据记录如下：（$T_W = 1.1RC$）

表 5.6.2 单稳态触发器测量数据记录

被 测 值	$R=100\text{k}\Omega$	$R=47\text{k}\Omega$	$R=20\text{k}\Omega$	$R=10\text{k}\Omega$
T_W 计算值				
T_W 实测值				

5.6.5 实验扩展

1. 设计一个占空比为 50%、输出频率为 2000Hz 的方波。

2．设计一个 1 分钟延时电路（可用于控制照明开关，打开照明 1 分钟后，能够自动关闭照明）。

3．利用 555 电路,设计风扇运行控制电路。当温度高于 T_2 时,风扇运行;低于 T_1 时($T_2>T_1$),风扇停止,用高电压模拟高温度值,用低电压模拟低温度值。

5.7　D/A 与 A/D 转换器

5.7.1　实验目的

1．了解 D/A 转换器的主要参数特性;
2．了解 A/D 转换器的主要性能参数;
3．掌握 DAC0832 的基本使用方法;
4．掌握 ADC0809 的使用和计算方法。

5.7.2　实验原理

将模拟信号转换为数字信号的电路为模-数（A/D）转换器。D/A 转换器的作用是将输入模拟电压转换为数据编码。

1. DAC0832 简介

DAC0832 是采用 CMOS 工艺制成的 8 位电流输出型 D/A 转换器。核心部分采用倒 T 型电阻网络实现 D/A 转换,其内部框图如图 5.7.1 所示。各引脚功能描述如下:

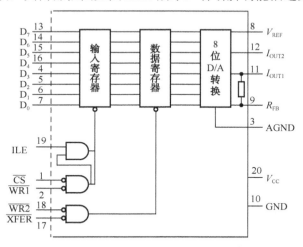

图 5.7.1　DAC0832 内部框图

$D_7 \sim D_0$ 为数字信号输入端; ILE 为输入寄存器允许, 高电平有效; $\overline{CS}$ 为片选信号, 低电平有效; $\overline{WR_1}$ 写信号 1, 低电平有效; $\overline{XFER}$ 传送控制信号, 低电平有效; $\overline{WR_2}$ 写信号 2, 低电平有效; I_{OUT1}、I_{OUT2} 为 DAC 电流输出端; R_{FE} 为内部反馈电阻端, 是外接运放的反馈电阻端; V_{REF} 基准电压输入端; V_{CC} 为电源电压端, 可接+5～+15V; AGND 为模拟地; DGND 为数字地。

DAC0832 输出的是电流，所以必须经过一个外接放大器才能转换为电压输出。

2．D/A 转换器的性能参数

1）分辨率

如果 D/A 转换器输入的二进制位数为 n，则分辨率为 n 或表示为 $\dfrac{1}{2^n-1} \times 100\%$。

也有指输入数字量的最低有效位 LSB 变化 1 时所引起的输出电压的变化 ΔV 为分辨率，例如输出电压满度值为 V_m，D/A 转换器输入二进制位数为 n，则分辨率为

$$\Delta V = \frac{V_m}{2^n}$$

2）线性误差

D/A 转换器的线性误差也叫转换误差，反映了实际的 D/A 转换特性和理想转换特性之间的最大偏差。求线性误差的实验方法是：在理想转换特性曲线上标出实测的各点。求这些点中偏离理想转换特性最大的点的偏差。图 5.7.2 上的 ε 为最大偏差。线性误差为 $\varepsilon\!\big/\!\Delta$。通常应该小于 $\dfrac{1}{2}$LSB。其中 Δ 为理想特性中相邻两个输入数据所对应的输出模拟量的理想变化值，一般取数字量最低有效位 LSB 变化 1 时所引起的输出模拟量的变化值。

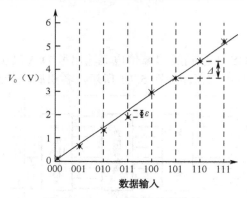

图 5.7.2　D/A 转换器传输特性

3）转换精度

D/A 转换器的转换精度指实际输出电压与理想转换电压的最大偏差与满度输出电压之比。除上述 D/A 转换器的三项常用性能参数外，D/A 转换器还有比例系数误差、漂移误差、非线性误差、建立时间、电源抑制比等参数，可查阅相关参考资料。

3．A/D 转换器 ADC0809 简介

ADC0809 是采用 CMOS 工艺制成的单片 8 位 8 通道逐次渐近型 A/D 转换器，其逻辑框图及引脚排列如图 5.7.3 所示。

该器件的核心部分是 8 位 A/D 转换器，它由比较器、逐次渐近寄存器、D/A 转换器及控制和定时 5 部分电路组成。

ADC0809 的引脚功能说明如下：

$IN_0 \sim IN_7$ 为 8 路模拟信号输入端；A_2、A_1、A_0 为地址码输入端，用于选通 8 路模拟开关，使任何一路都可进行 A/D 转换。地址译码与所对应的模拟输入通道的选通关系如表 5.7.1 所示。

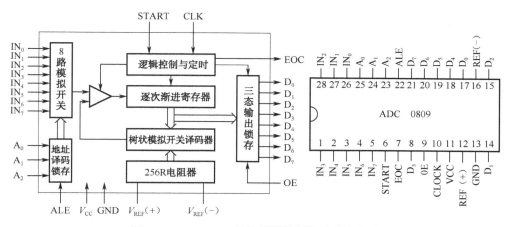

图 5.7.3　ADC0809 转换器逻辑框图及引脚排列

表 5.7.1　地址码与有效通道对照表

地址码 $A_2A_1A_0$	被选通通道	地址码 $A_2A_1A_0$	被选通通道	地址码 $A_2A_1A_0$	被选通通道
000	IN_0	011	IN_3	110	IN_6
001	IN_1	100	IN_4	111	IN_7
010	IN_2	101	IN_5		

　　ALE 地址锁存允许输入信号，上升沿有效并锁存地址码，从而选通相应的模拟信号通道，以便进行 A/D 转换；START 为启动信号输入端，当上升沿到达时，内部逐次渐近寄存器复位，在下降沿到达后，启动 A/D 转换过程；EOC 转换结束输出信号（转换结束标志），高电平有效；OE 为输入允许信号，高电平有效；CLOCK 为时钟信号输入端，外接时钟频率一般为 500kHz；V_{CC} 为+5V 电源；$V_{REF}(+)$、$V_{REF}(-)$ 为基准电压的正极、负极，一般 $V_{REF}(+)$ 接+5V 电源，$V_{REF}(-)$ 接地；$D_0 \sim D_7$ 为数字信号输出端。

4．A/D 转换器的主要性能指标

1）最大模拟输入电压

最大模拟输入电压是指 A/D 转换器允许的最大输入电压。

2）分辨率

用 A/D 转换器输出的二进制或十进制位数 n 表示分辨率，它说明 A/D 转换器对输入信号的分辨能力。例如最大为 5V 的输入电压，A/D 转换的位数 n 为 10 位，能分辨的输入信号为

$$\frac{5}{2^{10}-1} = 4.88\text{mV} 。$$

3）转换精度

转换精度是指 A/D 转换器实际输出的数字量和理想输出数字量之间的差别，用最低有效位的倍数表示。例如：相对误差$\leqslant \frac{1}{2}$LSB，表明实际输出的数字量和理论上应得到的输出数字量之间的误差不大于最低位 1 的一半。

4）转换时间

从输入模拟量开始到输出稳定的数字所需要的时间为转换时间。

5.7.3 实验要点

A/D 和 D/A 转换的特点与使用。

5.7.4 实验内容

1. D/A 转换器 DAC0832 的使用

按图 5.7.4 连线，$D_7 \sim D_0$ 为逻辑 "0" 或 "1"，用数字万用表测相应的输出电压 V_0。实验步骤如下：①置 $D_7 \sim D_0$ 全为逻辑 0，调节 R_w，使 $V_0 = 0V$。②置 $D_7 \sim D_0$ 全为逻辑 1，测 V_0 的值。③按照表 5.7.2 给出的测试条件和要求，输入二进制数并测出相应的 V_0 值，记录测量结果。

按照公式 $V_0 = -V_{REF} \dfrac{(D_7 D_6 D_5 D_4 D_3 D_2 D_1 D_0)_2}{2^8}$，提前算出实验记录表中的计算值。

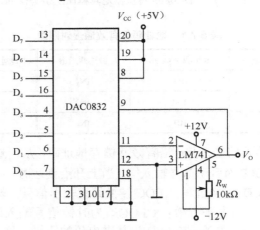

图 5.7.4 DAC0832 实验电路

表 5.7.2 实验记录表

输 入 数 据	输出电压 V_0（V）	
$D_7 \sim D_0$	计算值	实测值
00000000		
00000001		
00000010		
00000100		
00001000		
00010000		
00100000		
01000000		
10000000		
11111111		

2. A/D 转换器 ADC0809 功能测试

参照图 5.7.5，$D_7 \sim D_0$、A_2、A_1、A_0 分别接逻辑电平 "0" 或 "1"，基准电压 $V_{REF}(+)$ 接 5V 电压，参照表 5.7.3 调节输入电压 V_i 值，测试相应的输出数据并记录结果。

根据实验连线，表 5.7.3 中输出数据理论值计算公式为

$$D_x = \frac{V_i}{V_{max} - V_{min}}(D_{max} - D_{min})$$

其中，V_i 为 A/D 转换器的输入电压，D_x 为与 V_i 输入对应的 A/D 转换输出数据，V_{max} 为最大输入电压 5V，V_{min} 为最小输入电压 0V，D_{max} 为 V_{max} 所对应最大输出数据 $(11111111)_2$，D_{min} 为 V_{min} 所对应的最小输出数据 $(00000000)_2$。

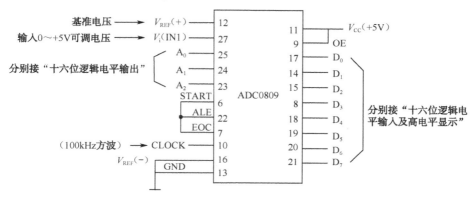

图 5.7.5 实验连线图

1）将 $V_{REF}(+)$ 改接+2.5V，重复实验步骤，参照表 5.7.3 记录实验结果。

2）将 $V_{REF}(+)$ 接+2.5V，将 $V_{REF}(-)$ 接-2.5V，参照表 5.7.4 的要求进行测试并做记录。要求此时输入电压在-2.5～+2.5 内变化。

3）如果将 START、ALE 断开后，怎样操作才能正常完成 A/D 转换功能。说明实现方法，通过实验验证结果。

表 5.7.3 实验记录

V_{REF}（+）=5V			
地 址 码	输 入 电 压	输 出 数 据	
$A_2A_1A_0$	V_i（V）	理论值	实测值
001	0.0		
001	1.0		
001	2.0		
001	2.5		
001	3.0		
001	3.5		
001	4.0		
001	5.0		

表 5.7.4 实验记录

$V_{REF}(+)=2.5V$, $V_{REF}(-)=-2.5V$		
地址码	输入电压	输出数据
$A_2A_1A_0$	V_i（V）	实测值
001	2.5	
001	1.5	
001	1.0	
001	0.0	
001	−1.0	
001	−1.5	
001	−2.0	
001	−2.5	

5.7.5 实验扩展

1. 图 5.7.4 中的 V_{REF} 基准电压输入端直接接在电源 V_{CC} 端，这样的接法在实际应用中容易产生误差，因此往往将其连接到一个输出电压稳定的基准电压上，如果把图 5.7.4 中的 V_{REF} 接2.5V 基准电压，问该 D/A 转换电路的输出电压范围是多少？

2. 用 LM35 测量 0～100℃，其输出电压从 0V 变化到 1V（10mV/℃增加），参考图 5.7.5，将 0～1V 的电压转换为数字量，使用模数转换器 ADC0809，其工作电压和基准电压均为 5V，能够实现的最高电压分辨率为多少 mV，温度的最高分辨率是多少？设计该电路。

3. 满刻度 5V、分辨率 10mV 的 D/A 转换器，D/A 转换器的位数至少应该有多少位？

4. 一个 4 位的 D/A 转换器，当输入二进制数为 0000 时，其输出电压为 0V；当输入二进制数为 1001 时，其输出电压为 4.5V。如果输入数据为 0011，输出电压应为多少？

第6章　数字电路设计实验

本章包含四个设计实验，综合运用数字电路和模拟电路所学知识，设计功能相对完整、要求比较明确的数字系统电路。通过设计、连接、调试几个主要步骤，培养学生的电路设计能力、动手能力以及分析和解决问题的能力。所有设计内容都可以用电路仿真软件 Multisim 进行仿真。

6.1　蓄水池水位控制电路

6.1.1　设计任务

设计一个水位控制电路，如图 6.1.1 所示，A、B、C、D 是四个传感器，当水位到达 C 时，控制信号打开阀门注水；当水位到达 B 时，控制信号关闭阀门。如果控制失效，水位到达 A 时，产生报警信号，点亮上限位灯；当水位到达 D 时，也产生报警信号，点亮下限位灯。设计控制电路。可以用 LED 的亮、灭表示报警、限位指示和控制信号的有效或无效。

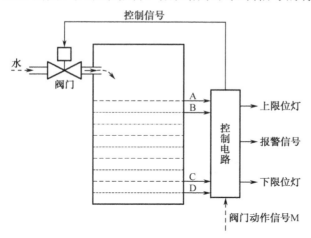

图 6.1.1　水位控制电路

6.1.2　设计要点

1. 组合电路实现方案

利用门电路实现设计的主要步骤为：确定输入输出变量的个数、逻辑赋值、列真值表、写逻辑表达式、化简、实现电路。列出正确的真值表是电路设计的关键一步，有效地利用无关项，可以大大简化逻辑表达，简化电路。

2. 时序电路实现方案

时序电路设计方案中不需要"阀门动作信号"，可以利用触发器电路实现阀门控制逻辑，利用组合电路实现报警和显示功能。表 6.1.1 和表 6.1.2 分别为给定的阀门功能表和报警、显示真值表，仅供设计参考。

表 6.1.1 阀门控制功能表

输　　入				输　　出
B	C	B′（B 的非）	C	Ctrl
0	0	1	0	置 1（阀门打开）
0	1	1	1	保持（阀门保持原态）
1	1	0	1	置 0（阀门关闭）
1	0	0	0	无效（启动报警信号）

表 6.1.2 报警、显示真值表

输　　入				输　　出			说　　明
A	B	C	D	报警信号	上限位灯	下限位灯	
0	×	×	0	报警	灭	亮	下限报警
0	0	0	1	不报警	灭	灭	
0	0	1	1	不报警	灭	灭	
0	1	0	1	报警	灭	灭	B 或 C 故障报警
0	1	1	1	不报警	灭	灭	
1	×	×	0	报警	亮	亮	A 或 B 故障报警
1	×	×	1	报警	亮	灭	上限报警

6.1.3　设计扩展

1. 利用译码器实现逻辑函数的方法，实现水位控制设计。
2. 利用数据选择器实现逻辑函数的方法，实现水位控制设计。

6.1.4　设计思考

1. 在组合电路实现水位控制的方案中，如何获取阀门打开和关闭的动作信号？
2. 在时序电路实现水位控制的方案中，仅实现了阀门的逻辑控制。如何真正控制实际阀门动作？如何用直流驱动的报警器替换 LED 报警？如何用信号灯替换 LED 的上、下限位指示？设计驱动电路。

6.2　8 路程序控制器

6.2.1　设计任务

程序控制器可用于交通灯控制、彩灯控制或生产过程中的重复动作控制，如果用 8 个发光二极管分别代替 8 路功率放大器及它们后面所接的负载，发光二极管"亮"表示负载通电、

"灭"表示负载断电，设计一个可任意设定动作和执行时间的 8 路程序控制器，要求如下：

1．该控制器可控制 8 个发光二极管的亮灭，第一个动作设定为 1、3 号 LED 亮，亮 2 秒；第二个动作为 2 号 LED 亮，亮 2 秒；第三个动作为 4 号 LED 亮，亮 3 秒；第四个动作为 3 号 LED 亮，亮 9 秒；第五至第八个动作以及相应的执行时间可自行设定。八个动作循环往复自动执行；

2．可调整每个动作选定哪个灯亮，也可调整每个动作的执行时间（9 秒内调整）；

3．可显示每个动作的执行时间；

4．控制器应具有系统复位功能，系统复位后控制状态为输出第一个动作的状态。

6.2.2 设计要点

一个 8 路的程序控制器主要由八路脉冲分配器、动作设定单元、8 路功率放大器、时基振荡电路、时间计数器、时间计数显示电路、时间设定单元、一致电路和单稳延时电路构成。

1．8 路脉冲分配器：可由计数器、译码器、门电路构成。

2．动作设定单元：主要有二极管组成，利用二极管的单向导电性，实现 8 路脉冲分配器与 8 路功率放大器的连接及动作设定。

3．时基振荡电路与时间/次数计数：时基振荡电路产生 1Hz 矩形波或方波，作为时间基准；时间/次数计数可利用计数器实现，对秒脉冲进行计数。

4．时间/次数显示：由显示译码器、限流电阻、LED 数码管构成，可显示时间/次数计数器的计数值，即每一个动作的执行时间。

5．一致电路：其作用是当某个动作的执行时间到时，一致电路产生一个由"0"到"1"的变化，触发单稳延时电路工作。

6．时间/次数设定电路：时间/次数设定也是通过二极管实现的，二极管反向端（负极）接时间/次数计数器的输出端，二极管正向端（正极）接与非门输入脚。动作时间到，一致电路可产生由"0"到"1"的变化。8 路脉冲分配器组成框图如图 6.2.1 所示。

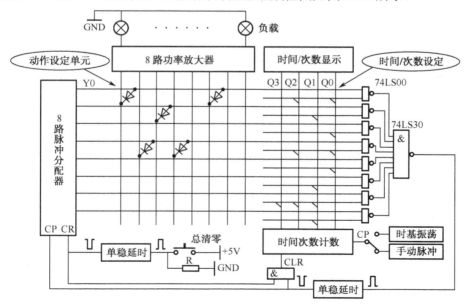

图 6.2.1 8 路脉冲分配器组成框图

如何实现 8 路脉冲分配、如何设置动作、如何设置动作的执行时间、如何保证在一个时钟下有序地工作是设计关键。

6.2.3　设计扩展

1．如果增加为 10 路脉冲分配，动作执行的最长时间不变，改动电路设计。
2．保留 10 路脉冲分配，动作执行时间调整为最长 15 秒，改动电路设计。

6.2.4　设计思考

1．不用 74LS121，设计一个单稳延时电路。
2．如果需要 16 路动作设定，动作的执行时间最高达到 90 秒，如何改动设计，利用电路仿真软件 Multisim 进行设计仿真。

6.3　三人抢答器电路

6.3.1　设计任务

设计一个三人抢答器，具体要求如下：
1．参赛者控制一个按键，用按动按键发生抢答信号。
2．主持人持有另一个按键，用于系统复位和停止蜂鸣器鸣叫。
3．主持人发出"开始"指令后，时间计数和显示开始工作。抢先按动按键者，对应的发光二极管亮，蜂鸣器鸣叫，此时其他二人的按键对电路不起作用，时间计数停止，时间显示抢答信号产生时的时间值。
4．如果在主持人发出"开始"指令 9 秒后无人按动按键，蜂鸣器鸣叫，表示超时，停止时间计数，时间显示为 9 秒。此时任何一人的按键都不能起作用。

6.3.2　设计要点

抢答器组成框图如图 6.3.1 所示，由主控电路、发光二极管显示电路、按键电路、时基电路、时间计数与显示电路、蜂鸣器驱动电路组成。
1．主控电路：用触发器及必要的门电路构成，完成抢答功能。
2．发光二极管显示电路：可采取高电平或低电平驱动方式，设计时需要考虑所用器件的输出特性、发光二极管的工作特性。
3．按键电路：设计抢答按钮及复位按钮电路时，需要根据所选器件的输入特性，决定外接电阻的取值。
4．时间计数及显示电路：选择合适的器件，注意对数码管的保护。
5．控制电路：需要对脉冲信号进行选通与禁止的控制，还包括蜂鸣器逻辑控制电路设计。
6．时基电路：如何产生秒脉冲信号。
设计的关键点是如何实现触发器的抢答触发，并保证不再出现二次翻转和发生二次抢答。如何有效利用门控作用或者利用数字集成电路中的控制端（例如使能端、保持端、锁存端）的作用，对信号实施控制。如何将各部分电路合理组合成系统。采取的电路方式不同，电路的简易程度会不同，所给参考框图并非最简或唯一形式，读者可自行发挥。

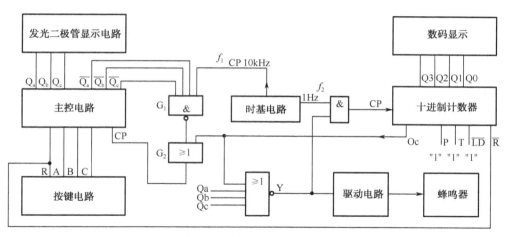

图 6.3.1　三人抢答器电路参考框图

6.3.3　设计扩展

1. 省去 10kHz 脉冲信号，利用抢答信号使触发器翻转，设计电路。
2. 省去 10kHz 脉冲信号，利用触发器的置数功能实现触发器翻转，设计电路。

6.3.4　设计思考

1. 用什么方法可以省去图 6.3.1 中控制 1Hz 选通和禁止的二输入与门？简化电路设计。
2. 设计一个实用的 6 人抢答器电路。

6.4　简易数控电压源

6.4.1　设计要求

制作一个简易的数控稳压电源，具体要求如下：

1. 设有"电压增"和"电压减"两个键，可设置输出电压步进增加或步进减小；
2. 输出电压范围为 5～12V，步进为 1V；
3. 输出电压的误差≤±0.2V；
4. 最大输出电流为 1A；
5. 可显示设定的电压值。

6.4.2　设计要点

1. 电压调节电路

查阅三端可调输出集成稳压器 LM317 使用手册，检查直流输入电压值。直流输出电压是否满足可调输出电压的范围，是否满足输出电流的设计要求，如何计算输出电压？三极管应在什么工作状态下工作？电压调节参考电路如图 6.4.1 所示。

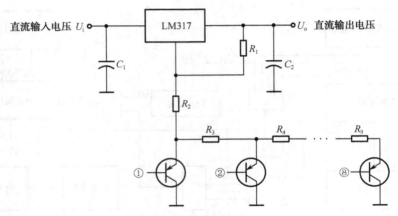

图 6.4.1　电压调节参考电路

如果利用译码器驱动三极管，如何实现输出电压调整，如何确定各电阻阻值，如何选取可调电阻，便于调节每一档的输出电压值？

2．控制电路

控制电路（见图 6.4.2）由可逆计数器、译码器、显示驱动电路三部分组成。可逆计数器完成"电压增"和"电压减"功能，译码器用于驱动三极管导通与截止的控制，显示驱动电路主要用于实现步进 5～10V 输出电压值的显示。

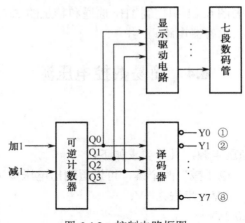

图 6.4.2　控制电路框图

3．显示驱动电路

显示驱动电路的设计难点是：当可逆计数器输出 $Q_3Q_2Q_1Q_0$ 为 0000 时，显示为 5，数控电压源输出为 5V；当计数器输出为 0111 时，显示为 12，数控电压源输出为 12V。

4．系统复位

如何设定上电后系统的最初输出电压值和显示值。

6.4.3　设计扩展

1．在图 6.4.1 中，使用 NPN 三极管替换 PNP 三极管，设计电路。

2．在 6.4.2 节"设计要点"中，数码显示的最高位总是处于显示状态，不是"0"就是"1"。怎样用简单的方法实现如下要求：

　　1）输出电压为 5～9V 时，高位数码管消隐显示；

　　2）输出电压为 10～12V 时，高位数码管显示"1"。

3．直流稳压电源输出电压为 5～15V 可调，步进为 1V，如何更改电路设计？

6.4.4　设计思考

1．如果不用图 6.4.2 中显示驱动电路部分的两个加法器，如何实现输出电压值的显示？

2．数控电压源的最大输出电流为 1.8A，其他要求不变，如何设计电路？

第7章 安全用电知识

随着科学技术的不断发展，电在工业生产和日常生活中被人们广泛使用，已经到了不可或缺的地步，安全用电给人们的生活带来方便的同时，用电不当带来的用电安全事故也时有发生。为此，我们需要了解什么是人体触电，触电的种类有哪些，如何做到触电预防、触电急救和电气消防等相关安全用电的基本知识，才能保证在实践操作的过程中不出现用电事故，做到安全用电。

7.1 人体触电

7.1.1 触电种类

人是导体，电流通过人体而对人体造成的伤害，即触电。触电的种类有两种，一种是电击，一种是电伤。

1. 电击

电击是指电流通过人体时，破坏人的心脏、神经系统、肺部等的正常工作而造成的伤害。它可以使肌肉抽搐，内部组织损伤，造成发热发麻、神经麻痹等，甚至引起昏迷、窒息、心脏停止跳动而死亡。触电死亡大部分事例是由电击造成的。人体触及带电的导线、漏电设备的外壳或其他带电体，以及由于雷击或电容放电，都可能导致电击。

2. 电伤

电伤是指电流的热效应、化学效应、机械效应作用对人体造成的局部伤害，它可以由电流通过人体直接引起也可以由电弧或电火花引起，包括电弧烧伤、烫伤、电烙印、皮肤金属化、电气机械性伤害、电光眼等不同形式的伤害（电工高空作业不小心跌下造成的骨折或跌伤也算作电伤），其临床表现为头晕、心跳加剧、出冷汗或恶心、呕吐，此外皮肤烧伤处疼痛。

直流电一般引起电伤，而交流电则电击、电伤两者往往同时发生；日常生产、生活中的触电事故，绝大部分都是由电击造成的。同时，人体触电事故还往往会引起二次事故（如高空跌落、机械伤人等）。

7.1.2 触电因素

电流是造成电击伤害的主要因素，人体对电的承受能力与以下因素有关。

1. 电流大小

电流越大，伤害也越大 。一般情况下，感知电流为 1mA（交流），摆脱电流为 10mA，致命电流为 50mA（持续时间 1 秒以上），安全电流为 30mA（交流）。

2．电流持续时间

电流持续时间越长，对人伤害越大。电流与作用时间的乘积为电击强度，电击强度超过30mA·s人就有危险。

3．电流频率

交流电流对人体的伤害程度最为严重，特别是40～100Hz的交流电对人体伤害最大。

4．电流通过人体部位

电流通过人体心脏、中枢神经（脑、脊髓）、呼吸系统时最为危险。

5．人体状况

与触电者的性别、年龄、身体状况、健康状态等有关。一般来讲，儿童较成人敏感，女性较男性敏感，皮肤潮湿的人容易触电，患有心脏病的人触电后死亡的可能性更大。

6．人体电阻

人体的电阻值通常在10～100kΩ之间，基本上按表皮角质层电阻大小而定。但它会随时、随地、随人等因素而变化，极具不确定性，并且随电压的升高而减小。

7.1.3　触电方式

1．单相触电

单相触电是指人体站在地面或其他接地体上，人体的某一部位触及电气装置的任一相带电体时，电流通过人体流入大地所引起的触电，也称之为单极触电，如图7.1.1所示。

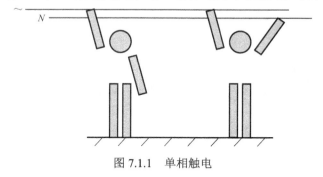

图 7.1.1　单相触电

2．两相触电

两相触电是指人体同时触及任意两相带电体的触电方式，也称之为双极触电，如图 7.1.2 所示。

3．接触电压触电

当人接触外漏导线或外壳带电的设备时，会发生接触电压触电，包含单相触电和两相触电，也称直接触电，如图 7.1.3 所示。

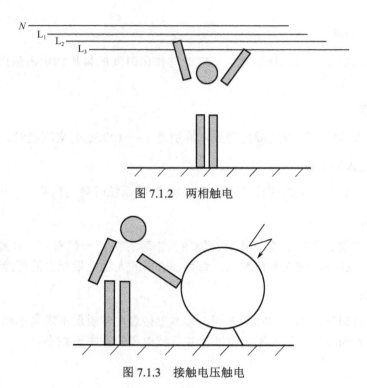

图 7.1.2　两相触电

图 7.1.3　接触电压触电

4. 跨步电压触电

当人站立在带电导线或设备附近地面上，两脚间承受的电压就是跨步电压，这种现象称为跨步电压触电，是间接触电的一种，如图 7.1.4 所示。

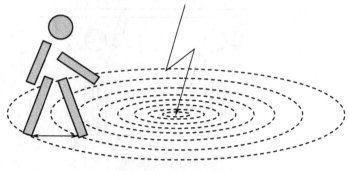

图 7.1.4　跨步电压触电

5. 电弧触电

人接触到电弧而产生的触电就是电弧触电，也是间接触电的一种。比如拉闸时造成电弧，人体与带电设备之间放电使人触电；在人体离高压线或高压设备较近时，高压线或高压设备所带高电压有可能击穿它们与人体之间的空气，发生通过人体产生的放电现象，就是高压电弧触电，如图 7.1.5 所示。

图 7.1.5　电弧触电

6. 剩余电荷触电

剩余电荷触电是指当人触及带有剩余电荷的设备时，带有电荷的设备对人体放电造成的触电事故。设备带有剩余电荷，通常是指由于检修人员检修并联电容、电力电缆、电力变压器及大容量电动机等设备时，检修前、后没有对其充分放电所造成的，如图 7.1.6 所示。

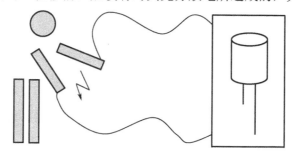

图 7.1.6　剩余电荷触电

除上述几种人体触电方式外，还有雷击触电、静电触电等触电方式。

7.2　触电预防

7.2.1　安全意识

发生触电的原因很多，一般都是由于线路架设不合理、操作制度不严格，用电设备不安全，用电操作不规范引起的。触电预防最重要的就是要有安全意识，没有哪一种措施能保证用电万无一失，所以用电时要增强安全用电意识，并遵守各项安全规章制度。如安全操作规程、电气安装规程、运行管理规程、维护检修制度等。严格遵守安全制度是保证人身安全的保障。

7.2.2　安全措施

1. 绝缘措施

正常情况下带电部分一定要加绝缘防护，并置于人不易碰到的地方。带电工作时，需要带绝缘柄的工具，低压绝缘电阻应不低于 0.5MΩ，高压绝缘电阻应不低于 1000MΩ。安全用具通常有绝缘手套、绝缘靴、绝缘棒三种。

2. 安全电压

不带任何防护设备，对人体各部分组织均不造成伤害的电压值，称为安全电压。要尽可能正确使用安全电压。我国规定 12V、24V、36V 三个电压等级为安全电压级别。世界各国对于安全电压的规定有 50V、40V、36V、25V、24V 等，其中以 50V、25V 居多。

3. 安全间距

为防止带电体之间、带电体与地面之间、带电体与其他设施之间、带电体与工作人员之间因距离不足而在其间发生电弧放电现象引起电击或电伤事故,应规定其间必须保持的最小间隙。在低压工作中，最小检修距离不应小于 0.1m。

4．屏护措施

屏护即指将带电体间隔起来，以有效地防止人体触及或靠近带电体，特别是当带电体无明显标志时。高压设备不论是否有绝缘，均应采取屏护。常用的屏护方式有遮栏、栅栏、保护网。

5．安全标志

注意安全标志，一般红色代表停止、禁止、消防，黄色代表注意、警告，绿色代表安全、通过、工作，黑色代表警告，蓝色代表强制执行。

6．保护接地和保护接零

为防止电气设备金属外壳意外带电而造成的危险，应按供电系统接地型式的不同，分别采取保护接地或保护接零的安全措施。

7．漏电保护

装设漏电保护装置是较之接地和接零保护更有效、更灵敏的安全措施。也可采用过限保护，有自复保险丝、热保护器、浪涌电压吸收保护器等。

7.2.3　其他预防

1．火线进开关

安装螺口灯座时，火线要与灯座中心的簧片连接，不允许与螺纹相连。

2．合理选择导线和熔丝

不能选额定电流很大的熔丝来保护小电流电路，更不允许以普通导线代替熔丝。

3．采用静电防护

消除静电的最基本方法是接地，即将可能带静电的物体用导线连接起来并接地。

4．雷电防护

防雷的基本思想是疏导，即设法将雷电流导引入地。遇雷雨天气，不要在大树下躲雨，不要站在高处，不要接听手机，更不应手持金属物件；使用室外天线时，应装避雷器或防雷用的转换开关。

5．电气防火防爆

排除可燃易爆物资；排除电气火源；加强电气设备自身的防火防爆措施。

6．其他安全用电常识

移动的电气设备，使用前要察看其绝缘是否良好；任何电气设备在未确认无电以前，应一律视为有电，不要随便触及；尽量避免带电操作，尤其是手潮湿时；"弱电"线路要与"强电"线路分开敷设，以防"强电"窜入"弱电"；不准乱拉乱接；禁止使用"一线一地"的安装方式；不盲目信赖开关或控制装置，只有拔下用电器才是最安全的。

7.3 触电急救

7.3.1 触电解救

发现触电者，首先应以最快的速度设法使其脱离电源，然后根据触电者的具体情况进行施救，直至医护人员的到来。

使触电者尽快脱离电源的方法有以下几种方法。

1. 立即拔掉插头或断开开关。

2. 用干燥的木棒、竹竿将带电体从触电者身上移去。

3. 用绝缘良好的钢丝钳剪断电源线（应一根一根地剪，不可同时剪两根线，以免造成短路）。

4. 带上绝缘手套、穿上绝缘鞋将触电者拉离电源。

5. 也可强行将电源短路，以迫使电路上的保护装置动作，从而切断电源。

7.3.2 触电救护

使触电者尽快脱离电源后，应立即根据不同情况采取不同救护方法。

1. 触电者神智清醒，但感觉头晕、心悸、出冷汗、恶心、呕吐等，应让其静卧休息，减轻心脏负担。

2. 触电者神智有时清醒，有时昏迷，应静卧休息，并请医生救治。

3. 触电者无呼吸、有心跳，在拨打 120 的同时，应施行人工呼吸，如图 7.3.1 所示。

1）在进行口对口吹气前，要迅速清理病人口鼻内的污物、呕吐物，有假牙的也应取出，以保持呼吸道通畅；同时，要松开其衣领、裤带、紧裹的内衣、乳罩等，以免妨碍胸部的呼吸运动。

2）使病人呈仰卧位状态，头部后仰，以保持呼吸道通畅，救护人跪在一侧，一手托起其下颌，另一只手捏住病人的鼻孔。

3）救护人深吸一口气，再贴紧病人的嘴，严丝合缝地将气吹入，造成病人吸气。

4）吹完气后，救护人的嘴离开，将捏鼻的手也松开，并可用一手压其胸部，帮助病人将气体排出。

如此有节率地反复吹气，每分钟 16～20 次。如果遇到伤病员牙关紧闭，张不开口，无法进行口对口人工呼吸时，可采用口对鼻吹气法，方法和口对口吹气法相同。吹气时用多大的力量为适宜呢？如被救人是儿童或体格较弱者，吹气力量要小些，反之要大些。一般以气吹进后，病人的胸部略有隆起为度。如果吹气后，不见胸部起伏，可能是吹气力量太小，或呼吸道阻塞，这时应再进行检查。

（1）　　　　　（2）　　　　　（3）　　　　　（4）

图 7.3.1　人工呼吸

4. 触电者有呼吸、无心跳，应采取胸外心脏按压，如图 7.3.2 所示。

1）按压部位在胸骨中下 1/3 交界处的正中线上或剑突上 2.5～5cm 处。

2）抢救者一手掌根部紧贴于胸部按压部位，另一手掌放在此手背上，两手平行重叠且手指交叉互握稍抬起，使手指脱离胸壁。

3）抢救者双臂应绷直，双肩中点垂直于按压部位，利用上半身体重和肩、臂部肌肉力量垂直向下按压。

4）按压深度成人为 4～5cm，5～13 岁者 3cm，婴、幼儿 2cm。按压应平稳、有规律地进行，不能间断，下压与向上放松时间相等。

如此有节率地反复按压，按压至最低点处，应有一明显的停顿，不能冲击式的猛压或跳跃式按压；放松时定位的手掌根部不要离开胸部按压部位，但应尽量放松，使胸骨不受任何压力。按压频率为 80～100 次/分，小儿 90～100 次/分，按压与放松时间比例以 1:2 为恰当。

图 7.3.2　胸外心脏按压

5. 触电者无呼吸、无心跳，应同时采用人工呼吸和胸外心脏按压抢救。

单人操作时，按压 15 次吹起 2 次；双人操作时，按压 5 次吹起 1 次。吹气时，应停止按压。

7.4　电气消防

7.4.1　电气火灾原因

电气火灾产生的原因很多。电气设备选用不当、过载、短路或漏电；照明及电热设备故障，熔断器的烧断、接触不良以及雷击、静电；电器积尘、受潮、通风散热失效；热源接近电器、电器接近易燃物等，都可能引起高温、高热或者产生电弧、放电火花，从而引发火灾事故。

7.4.2　电气火灾预防

应按场所的危险等级正确地选择、安装、使用和维护电气设备及电气线路，按规定正确采用各种保护措施。在线路设计上，应充分考虑负载容量及合理的过载能力；在用电上，应禁止过度超载及乱接乱搭电源线；对需在监护下使用的电气设备，应"人去停用"；对易引起火灾的场所，应注意加强防火，配置防火器材。

7.4.3　电气火灾处理

面对火灾首先应切断电源，同时拨打报警电话。电气火灾不能用水或普通灭火器（如泡沫灭火器）灭火，应使用干粉二氧化碳或"1211"等灭火器灭火，也可用干燥的黄沙灭火。

7.5 实习安全要求

1．有很强的安全用电观念，可靠的基本安全措施和良好的安全操作习惯。

2．用电设备用前先检查电源线有无破损，插头有无外露金属或内部松动，电源线插头两极有无短路，同外壳（如果设备是金属外壳）有无通路，设备所需电压值是否与供电电压相符，然后再插电源插头。

3．断开电源开关并对仪器内的高电压大容量电容放电后，才能认为是安全的。

4．不要随意改动仪器设备的电源线；插、拔用电设备电源插头时，不要抓电源线。

5．检修、调试之前，一定要了解检修、调试对象的电气原理，特别是电源系统。

6．需要带电检查调试时，先用试电笔检查外壳和金属件及裸露导线是否带电。

7．皮肤潮湿时，不要带电作业；尽可能用单手操作，另一只手放到背后。

8．烙铁带电时，烙铁头上多余的焊锡不能乱甩，不能用手摸烙铁头，更换烙铁头需用尖嘴钳；不使用烙铁时，需拔下电源插头并将烙铁放到烙铁架上。易燃品应远离电烙铁。

9．用剪线钳剪断短小导线或元件引脚时，要朝着工作台或空地并远离设备；拆焊有弹性的元件时，人不要离焊点太近。

10．工作场所要讲究文明工作，各种工具、设备摆放合理、整齐，不要乱摆、乱放。剪下的元器件引脚和剩余的焊锡丝应统一回收，不要乱扔。

第8章 锡焊工艺

焊接技术是金属加工中的基本技术，通常分为熔焊、压焊和钎焊三大类。他们的区别在于焊件和焊料是否发生熔化，是否发生加热挤压。锡焊属于钎焊中钎料熔点低于450℃的软钎焊。我们习惯把钎料称为焊料，把采用铅锡焊料进行焊接的方式成为铅锡焊，简称锡焊。

8.1 锡焊机理

从理解锡焊过程，指导正确焊接操作来说，锡焊机理可认为是将表面清洁的焊件与焊料加热到一定温度，焊料熔化并润湿焊件表面，在其界面上发生金属扩散并形成合金层，从而实现金属的焊接。以下是最基本的三点：

1. 扩散

金属之间的扩散现象是在温度升高时，由于金属原子在晶格点阵中呈热振动状态，它会从一个晶格点阵自动转移到其他晶格点阵。扩散不是任何情况下都会发生，而是受距离和温度条件的限制。锡焊时，焊料和工件金属表面的温度较高，焊料与工件金属表面的原子相互扩散，在两者界面形成新的合金。

2. 润湿

润湿是发生在固体表面和液体之间的一种物理现象。在焊料和工件金属表面足够清洁的前提下，加热后呈熔融状态的焊料会沿着工件金属的凹凸表面，靠毛细管的作用扩展，焊料原子与工件金属原子靠原子引力互相起作用，就可以接近到能够互相结合的距离。

3. 合金层

焊接后焊点温度降低到室温，这时就会在焊接处形成由焊料层、合金层和工件金属表层组合成的结构。合金层形成在焊料和工件金属界面之间。冷却时，合金层首先以适当的合金状态开始凝固，形成金属结晶，而后结晶向未凝固的焊料生长。

8.2 锡焊工具

8.2.1 电烙铁

1. 烙铁种类

电烙铁有内热式、外热式、恒温式、吸锡式和温控式等。锡焊中，一般常用外热式和内热式电烙铁。

1）外热式电烙铁

外热式电烙铁目前应用较为广泛。它由烙铁头、烙铁芯、外壳、手柄、电源线和电源插头等几部分组成，其结构图如图 8.2.1 所示。由于发热的烙铁芯在烙铁头的外面，所以称之为外热式电烙铁。外热式电烙铁对焊接大型和小型电子产品都很方便，因为它可以调整烙铁头的长短和形状，借此来掌握焊接温度。外热式电烙铁规格通常有 25W、45W、75W、100W 等。电烙铁功率越大，烙铁头的温度越高。外热式烙铁外形如图 8.2.2 所示。

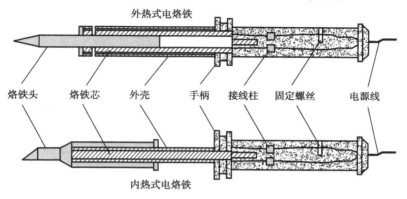

图 8.2.1　外、内热式电烙铁结构

2）内热式电烙铁

常见的内热式电烙铁由于烙铁芯安装在烙铁头里面，所以称之为内热式电烙铁，如图 8.2.1 所示内热式电烙铁结构图。烙铁芯是将镍烙电阻丝缠绕在两层陶瓷管之间，再经过烧结制成的，通电后，镍烙电阻丝立即产生热量，由于它的发热元件在烙铁头内部，所以发热快，热量利用率高达 85%～90%，烙铁温度在 350℃ 左右。内热式电烙铁功率越大，烙铁头的温度越高。目前常用的内热式电烙铁有 20W、50W、70W 等规格。内热式烙铁外形如图 8.2.3 所示。

图 8.2.2　外热式电烙铁

图 8.2.3　内热式电烙铁

2．烙铁头

烙铁头的好坏是决定焊接质量和工作效率的重要因素。一般烙铁头是由纯铜制定的，它的作用是储存和传导热量，它的温度必须比被焊接的材料熔点高。纯铜的润湿和导热性非常好，但它的一个最大的弱点是容易被焊锡腐蚀和氧化，使用寿命短。为了改善烙铁头的性能，可以对铜烙铁头实行电镀处理，常见的有镀镍、镀铁。为了适应不同焊接物的需要，在焊接时通常选用不同形状和体积的烙铁头。烙铁头的形状、体积大小及烙铁的长度都对烙铁的温度热性能有一定的影响。常用洛铁头的形状如图 8.2.4 所示。

图 8.2.4　常用烙铁头形状

3. 烙铁芯

烙铁芯是电烙铁的关键部件，它是将电热丝平行地绕制在一根空心瓷管上构成的，中间的云母片绝缘，并引出两根导线与 220V 交流电源连接。其结构简单、体积小、升温速度快、加热均匀、散热快、发热时无明火、使用安全、发热线路与空气完全隔绝、不产生氧化现象。目前烙铁芯主要有两种：一种是电阻丝绕制；另一种是电阻浆料烧制。如图 8.2.5 所示为两种不同种类的外热式和内热式烙铁芯外形。

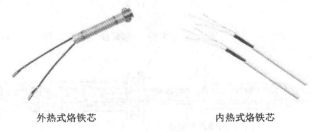

外热式烙铁芯   内热式烙铁芯

图 8.2.5　外热式、内热式烙铁芯

8.2.2　常用工具

1. 尖嘴钳

尖嘴钳是组装电子产品常用的工具，外形如图 8.2.6 所示，用来剪断直径 1mm 以下的细小导线，配合斜口钳用于剥线。使用时注意不宜在 80℃ 以上的温度环境中使用，塑料柄开裂后严禁在非安全电压下操作。

2. 斜口钳

斜口钳又称剪线钳，主要用于剪断导线，尤其是用来剪除导线网绕后多余的引线和元器件焊接后多余的引线，以及配合尖嘴钳用于剥线，外形如图 8.2.7 所示。斜口钳在剪线时，要注意使钳头朝下并在不便变动方向时，可用另一只手遮挡，以防剪断导线或元件脚剪飞出伤人眼睛；不可用来剪断铁丝或其他金属的物体，以免损伤器件口，直径超过 1.6mm 的电线不可用斜口钳剪断。

图 8.2.6　尖嘴钳   图 8.2.7　斜口钳

3. 剥线钳

剥线钳的刃口有不同尺寸的槽形剪口，专用于剥去导线的绝缘皮，外形如图 8.2.8 所示。

4. 螺丝刀

螺丝刀，又称起子。根据用途一般分为平口螺丝刀（也称一字螺丝刀）和十字螺丝刀。

用于松紧螺丝、调整可调元件，外形如图 8.2.9 所示。

图 8.2.8　剥线钳

图 8.2.9　螺丝刀

5．镊子

镊子有尖嘴镊子和圆嘴镊子两种，主要作用是夹持小的元器件，辅助焊接；弯曲电阻、电容、导线；帮助元器件散热等，外形如图 8.2.10 所示。

6．吸锡器

吸锡器用来收集拆卸焊盘电子元件时融化的焊锡，有手动和电动两种。简单的吸锡器是手动式的，且大部分是塑料制品，它的头部由于常常接触高温，因此通常都采用耐高温塑料制成，外形如图 8.2.11 所示。

图 8.2.10　镊子　　　　　　　　　　图 8.2.11　吸锡器

8.3　锡焊材料

8.3.1　焊料

焊接两种或两种以上金属面并使之成为一个整体的金属或合金叫焊料。电子电路中焊接主要使用的是锡铅合金焊料，称之为焊锡。因其具备熔点低、机械强度高、表面张力小、导电性好、抗氧化性好等优点，所以在焊接技术中得到了非常广泛的应用。

1．管状焊锡丝

在手工焊中，为了方便，常常将焊锡制成管状，称之为焊锡丝。其中空部分注入由特级松香和少量活化剂组成的助焊剂，有时还在焊锡丝中添加 1%～2% 的锑，可适当增加焊料的机械强度。焊锡丝的直径有 0.5mm、0.8mm、0.9mm、1.0mm、1.2mm、1.5mm、2.0mm、2.5mm、3.0mm、4.0mm、5.0mm 等多种规格。也有制成扁带状的多种规格。

2．抗氧化焊锡

工业生产中，由于浸焊和波峰焊使用的锡槽都有大面积的高温表面，焊料液体暴露在大气中，很容易被氧化而影响焊接质量，使焊点产生虚焊。因而在锡铅合金中加入少量的活性金属，能使氧化锡、氧化铅还原，并漂浮在焊锡表面形成致密覆盖层，从而使焊锡不被继续氧化。抗氧化焊锡普遍应用于浸焊与波峰焊工业生产中。

3．含银焊锡

由于电子元器件与导电结构件有不少是镀银件，使用普通焊锡容易使镀银层溶解，从而使元器件的高频性能降低。而在焊锡中添加 0.5%～2.0%的银，可减少镀银件中的银在焊锡中的溶解量，并可降低焊锡的熔点。

4．焊膏

表面安装技术中，焊膏是一种重要贴装材料。它由焊粉（焊料制成粉末状）、有机物和溶剂组成。焊膏一般制成糊状物，能方便地用点膏机印涂在印制电路板上。

8.3.2　助焊剂

助焊剂一般分为有机、无机和树脂三大类。电子装配中常用的是树脂类助焊剂。其中松香就是树脂类助焊剂的一种，它已成为电子产品生产中的专用助焊剂。

助焊剂主要用于除去工件表面氧化膜；防止工件和焊料加热时氧化；增加焊料流动和降低焊料表面张力；还有使焊点更加光亮、美观等作用。

8.3.3　阻焊剂

在焊接中，为了提高焊接质量，需要耐高温的阻焊涂料，将不需要焊接的部分保护起来，使焊料只在需要的焊点上进行焊接，这种阻焊涂料叫做阻焊剂。

阻焊剂的作用是防止桥接、短路及虚焊等现象的出现，对高密度印制电路板尤为重要；保护元器件和集成电路；节约焊料；还有可以使用带色彩的阻焊剂，起到美化印制板的作用。

阻焊剂的种类有热固化型阻焊剂、紫外线光固化型阻焊剂和电子辐射固化型阻焊剂等几种，目前常用的是紫外线光固化型阻焊剂，也称之为光敏阻焊剂。

8.4　手工锡焊技术

手工锡焊是锡铅焊接技术的基础，尽管目前现代化企业已经普遍使用自动插装、自动焊接的生产工艺，但产品试制、小批量产品生产、具有特殊要求的高可靠性产品的生产，如航天技术中的火箭、人造卫星的制造等，目前还采用手工焊接。即使印制电路板结构这样的小型化大批量、采用自动焊接的产品，也还有一定数量的焊接点需要手工锡焊。

8.4.1　锡焊要求

锡焊是电子产品组装过程中的重要环节之一，如果没有相应的焊接工艺质量保证，任何一个设计精良的电子装置都难以达到设计指标。因此，在锡焊时必须做到以下几点：

1．焊接表面必须保持清洁

由于长期存储和污染等原因，焊件的表面可能产生有害的氧化膜、油污等，即使是可焊性好的焊件也可能存在。所以，在实施焊接前也必须清洁表面，否则难以保证质量。

2．焊接时温度、时间要适当，加热均匀

焊接时，要保证焊点牢固，就需要适当的焊接温度。在足够高的温度下，焊料才能充分浸湿，并充分扩散形成合金层。过高的温度是不利于焊接的。焊接时间对焊锡、焊接元件的浸湿性、结合层形成有很大影响。准确掌握焊接时间是优质焊接的关键。

3．焊点要有足够的机械强度

为保证被焊焊件在受到振动或冲击时不至脱落、松动，因此，要求焊点要有足够的机械强度。为使焊点有足够的机械强度，一般可采用把元器件的引线端子打弯后再焊接的方法，但不能用过多的焊料堆积，这样容易造成虚焊、焊点与焊点的短路。

4．焊接必须可靠，保证导电性能

虚焊是指焊料与被焊物表面没有形成合金结构，只是简单地依附在被焊金属的表面上。在焊接时，如果只有一部分形成合金，而其余部分没有形成合金，这种焊点在短期内也能通过电流，用仪表测量也很难发现问题。但随着时间的推移，没有形成合金的表面就要被氧化，此时便会出现时通时断的现象，这势必造成产品的质量问题。因此，为使焊点有良好的导电性能，必须防止虚焊。

质量好的插装焊点应该是光亮、饱满和裙状。光亮是指焊点必须光滑无毛刺且发亮；饱满是指焊锡必须浸满焊盘；裙状是指焊点成"裙"形散开。质量好的贴片焊点应该是光亮、饱满和包裹。光亮是指焊点必须光滑无毛刺且发亮；饱满是指焊锡必须浸满焊盘；包裹是指要求用尽量少的焊锡包裹贴片元器件各个引脚顶端。焊点无裂纹、针孔、无焊剂残留物，如图 8.4.1 所示为典型焊点的外观，其中"裙"状的高度大约是焊盘半径的 1～1.2 倍，包裹的焊锡不要太多，不能凸起。

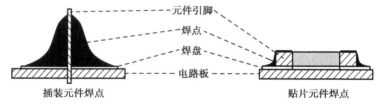

图 8.4.1　典型焊点外观

8.4.2　锡焊质量检查

为了保证锡焊质量，一般在锡焊后都要进行焊点质量检查，焊点质量检查主要有以下几种方法。

1．外观检查

可以借助放大镜，通过肉眼从焊点的外观上检查焊接质量。检查的主要内容包括：焊点是否有错焊、漏焊、虚焊和连焊；焊点周围是否有焊剂残留物；焊接部位有无热损伤和机械损伤等现象。

2．拨动检查

在外观检查中发现有可疑现象时，可用镊子轻轻拨动焊接部位进行检查，并确认其质量。主要包括导线、元器件引线和焊盘与焊锡是否结合良好，有无虚焊现象；元器件引线和导线根部是否有机械损伤等。

3．通电检查

通电检查必须是在外观检查及连接检查无误后才可进行的工作，也是检查电路性能的关键步骤。如果不经过严格的外观检查，通电检查不仅困难较多，而且容易损坏设备仪器，造成安全事故。通电检查可以发现许多微小的缺陷，例如，用目测观察不到的电路桥接、内部虚焊等。

8.4.3　锡焊缺陷

锡焊中常见的缺陷有：虚焊、拉尖、桥接、空洞、堆焊、铜箔翘起、剥落等。造成锡焊缺陷的原因很多，常见锡焊缺陷外观如表 8.4.1 所示，表中列出了不良焊点的外观特点以及危害和缺陷分析。根据出现的锡焊缺陷，要进行及时改正，以插装焊点为例说明。

表 8.4.1　焊点缺陷及缺陷分析

焊点缺陷	外观特点	危害	原因分析
焊料过多	焊料面呈凸形	浪费焊料，且容易包藏缺陷	焊锡丝撤离过迟
焊料过少	焊料未形成平滑面	机械强度不足	焊锡丝撤离过早
松香焊	焊缝中加有松香渣	强度不足，导通不良	助焊剂过多或失效；焊接时间不足，加热不够；表面氧化膜未除去
过热	焊点发白，无金属光泽，表面较粗糙	焊盘容易剥落，强度降低	电烙铁功率过大，加热时间过长
冷焊	表面呈现豆腐渣状颗粒，有时可能有裂纹	强度低，导电性不好	焊料未凝固前焊件抖动或电烙铁瓦数不够
虚焊	焊料与焊件交面接触角过大	强度低，不通或时通时断	焊件清理不干净；助焊剂不足或质量差；焊件未充分加热
不对称	焊锡未流满焊盘	强度不足	焊料流动性不好；助焊剂不足或质量差；加热不足

焊点缺陷	外观特点	危害	原因分析
松动	导线或元器件引线可动	导通不良或不导通	焊接未凝固前引线移动造成空隙；引线未处理好（镀锡）
拉尖	出现尖端	外观不佳，容易造成桥接现象	助焊剂过少，而加热时间过长；电烙铁撤离角度不当
桥接	相邻导线连接	电气短路	焊锡过多；电烙铁撤离方向不当
针孔	目测或低倍放大镜可见有孔	强度不足，熔点容易腐蚀	焊盘空与引线间隙太大
气泡	引线根部有时有喷火式焊料隆起，内部藏有空洞	暂时导通，但长时间容易引起导通不良	引线与孔间隙过大或引线浸润性不良
剥落	焊点剥落（不是铜箔剥落）	断路	焊盘镀层不良

8.4.4 锡焊操作

1. 焊前准备

手工锡焊前要做的准备工作有以下几点：

1）印制板与元器件的检查

焊装前应对印制板和元器件进行检查，主要检查印制板印制线、焊盘、焊孔是否与图纸相符，有无断线、缺孔等，表面是否清洁，有无氧化、腐蚀。元器件的品种、规格及外封装是否与图纸吻合，元器件引线有无氧化、腐蚀。

2）元器件引脚镀锡

为了提高焊接的质量和速度，避免虚焊等缺陷，应该在装配以前对焊接表面进行可焊性处理，这就是预焊，也称之为镀锡。镀锡的工艺要求：首先待镀面应该保持清洁，对于较轻的污垢，可以用酒精或丙酮擦洗；严重的腐蚀性污点，只有用刀刮或用砂纸打磨等机械办法去除，直到待焊面上露出光亮的金属本色为止。烙铁头的温度要适合，温度不能太低，太低了锡镀不上；温度也不能太高，太高了容易产生氧化物，使锡层不均匀，还可能会使焊盘脱落。掌握好加热时间是控制温度的有效办法。最后使用松香作助焊剂除氧化膜，防止工件和焊料氧化。

3）元器件引线弯曲成形

为了使元器件在印制电路板上的装配排列整齐并便于焊接，在安装前通常采用手工或专用机械把元器件引脚弯曲成一定的形状。元器件在印制板上的安装方式有三种：立式安装、卧式安装和表面安装。表面安装会在本章后面内容中讲到；立式安装和卧式安装无论采用哪种方法，都应该按照元器件在印制电路板上孔位的尺寸要求，使其弯曲成型的引脚能够方便地插入孔内。立式、卧式安装电阻和二极管元器件引线弯曲成形如图8.4.2所示。引脚弯曲处距离元器件实体至少在2mm以上，绝对不能从引线的根部开始弯折。

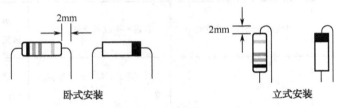

图 8.4.2　元器件引线弯曲成型

　　元器件水平插装和垂直插装的引线成型，都有规定的成型尺寸。总的要求是各种成型方法能承受剧烈的热冲击，引线根部不产生应力，元器件不受到热传导的损伤等。

　　4）元器件的插装

　　元器件插装方式有两种，一种是贴板插装，一种是悬空插装，如图8.4.3所示。贴板插装稳定性好，插装简单；但不利于散热，且对某些安装位置不适应。悬空插装适用范围广，有利于散热，但插装比较复杂，需要控制一定高度以保持美观一致。插装时应首先保证图纸中安装工艺的要求，其次按照实际安装位置确定。一般来说，如果没有特殊要求，只要位置允许，采用贴板安装更为常见。

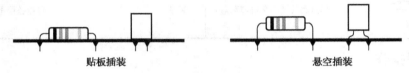

图 8.4.3　元器件插装方式

2．电烙铁的拿法

　　电烙铁拿法有三种，如图8.4.4所示。反握法动作稳定，长时操作不易疲劳，适于大功率烙铁的操作。正握法适于中等功率烙铁或带弯头电烙铁的操作。一般在操作台上焊印制板等焊件时多采用握笔法。

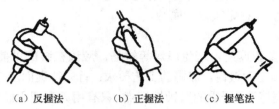

（a）反握法　　　　（b）正握法　　　　（c）握笔法

图 8.4.4　电烙铁的拿法

3．焊锡丝的拿法

　　焊锡丝一般拿法有两种：上捏和下捏，如图8.4.5所示。由于焊丝中含有铅成分，铅是对人体有害的重金属，因此操作时应带手套或操作后洗手，避免食入。

4．焊接方法

　　焊接五步法是常用的基本焊接方法，适合于焊接热容量大的工件，如图8.4.6所示。

图 8.4.5　焊锡丝的拿法

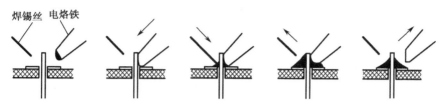

图 8.4.6　焊接五步法

1）准备施焊

准备好焊锡丝和烙铁，做好焊前准备。

2）加热焊件

将烙铁接触焊接点，注意首先要保持烙铁加热焊件各部件，例如印制板上的引线和焊盘都使之受热，其次要注意让烙铁头的扁平部分（较大部分）接触热容量较大的焊件，烙铁头的侧面或边缘部分接触热容量较小的焊件，以保持焊件均匀受热。

3）熔化焊料

当焊件加热到能熔化焊料的温度后将焊丝置于焊点，焊料开始融化并润湿焊点。

4）移开焊锡

当熔化一定量的焊锡后将焊锡丝移开。

5）移开烙铁

当焊锡完全润湿焊点后移开烙铁，并迅速向上提起烙铁。

贴片元件手工焊接作业流程也包含五个步骤：

1）准备焊接

包括准备合适功率的烙铁，并选择合适的烙铁头；烙铁头、贴片元件焊接处、焊盘要进行清洁。

2）焊盘点锡

取已回温好的烙铁对被焊接焊盘加少量焊锡，针对贴片电阻、电容、电感、二极管等贴片元器件，只需在元件一端加少量焊锡；针对特殊封装类贴片 IC 元件，只需在其对角线的两个焊盘上加少量焊锡。

3）固定元件

用镊子把准备好的贴片元件放到需要焊接的位置，并把烙铁头放到元件与焊锡之间进行加热使其焊接，先在元件一个引脚上进行固定焊接。

4）移开镊子

固定好贴片元件一个引脚后，移开镊子。

5）元件焊接

用烙铁和焊锡进行贴片元件其他引脚的焊接。

5．焊接注意事项

印制电路板的焊接，除遵循锡焊要领之外，还应注意以下几点：

1）烙铁一般选用内热式 20～35W 或调温式，烙铁的温度不超过 300℃，烙铁头选用小圆锥形。

2）加热时应尽量使烙铁头接触印制板上的铜箔和元器件引线。对较大的焊盘（直径大于5mm），应时刻移动烙铁，即烙铁绕焊盘转动。

3）对于金属化孔的焊接，焊接时不仅要让焊料润湿焊盘，而且孔内也要润湿填充。因此，金属化孔加热时间应比单面板长。

4）焊接时不要用烙铁头摩擦焊盘，要靠表面清理和预焊增强焊料润湿性能。耐热性差的元器件应使用工具辅助散热，比如镊子。

焊接过程一般以 2～3s 为宜。焊接三极管时，注意每个管子的焊接时间不要超过 10s，并使用尖嘴钳或镊子夹持引脚散热，防止烫坏三极管。焊接 CMOS 电路时，如果事先已将各引线短路，焊接前不要拿掉短路线，对使用高压的烙铁，最好在焊接时拔下插头，利用余热焊接。焊接集成电路时，在能够保证浸润的前提下，尽量缩短焊接时间，一般每个引脚不要超过 2s。

6．焊后处理

焊接完毕后，要进行适当的焊后处理。主要做到以下几点：

1）剪去多余引线，注意不要对焊点施加剪切力以外的其他力。

2）检查印制板上所有元器件引线焊点，修补焊点缺陷。

3）根据供应要求，选择清洗液清洗印制板；使用松香焊剂的一般不用清洗。

8.4.5　拆焊操作

在调试、维修电子设备的工作中，经常需要更换一些元器件。更换元器件的前提当然是要把原先的元器件拆焊下来。如果拆焊的方法不当，就会破坏印制电路板，也会使换下来但并没失效的元器件无法重新使用。

1．拆焊原则

拆焊的步骤一般是与焊接的步骤相反的，拆焊前一定要弄清楚原焊接点的特点，不要轻易动手。

1）不损坏拆除的元器件、导线、原焊接部位的结构件。

2）拆焊时不可损坏印制电路板上的焊盘与印制导线。

3）对已判断为损坏的元器件，可先行将引线剪断，再行拆除，这样可减少其他损伤的可能性。

4）在拆焊过程中，应该尽量避免拆动其他元器件或变动其他元器件的位置，如确实需要，要做好复原工作。

2．拆焊要点

1）严格控制加热的温度和时间

拆焊的加热时间和温度较焊接时间要长、要高，所以要严格控制温度和加热时间，以免将元器件烫坏或使焊盘翘起、断裂。宜采用间隔加热法来进行拆焊。

2）拆焊时不要用力过猛

在高温状态下，元器件封装的强度都会下降，尤其是对塑封器件、陶瓷器件、玻璃端子等，过分地用力拉、摇、扭都会损坏元器件和焊盘。

3）吸去拆焊点上的焊料

拆焊前，用吸锡工具吸去焊料，有时可以直接将元器件拔下。即使还有少量锡连接，也可以减少拆焊的时间，减少元器件及印制电路板损坏的可能性。如果没有吸锡工具，则可以将印制电路板或能够移动的部件倒过来，用电烙铁加热拆焊点，利用重力原理，让焊锡自动流向烙铁头，也能达到部分去锡的目的。

3. 拆焊方法

一般拆焊电阻、电容、三极管等引脚不多的元器件，可用烙铁直接拆焊。把印制板竖起来夹住，一边用烙铁加热待拆元件的焊点，一边用镊子或尖嘴钳夹住元器件引线轻轻拉出。

当拆焊多个引脚的集成电路或多引脚元器件时，一般有以下三种方法。

1）用吸锡材料拆焊

可用吸锡材料，如屏蔽线编织网、细铜网或多股铜导线等，将吸锡材料加松香助焊剂，用烙铁加热进行拆焊。

2）采用吸锡烙铁或吸锡器进行拆焊

吸锡烙铁或吸锡器对拆焊是很有用的，既可以拆下待换的元件，又可同时不使焊孔堵塞，而且不受元器件种类限制。但它必须逐个焊点除锡，效率不高，而且必须及时排除吸入的焊锡。

3）采用热风枪拆焊贴片元件

用热风枪先对其进行加热，待焊锡完全熔化后直接用镊子夹住贴片元件离开焊盘，再用烙铁把焊锡托平；被取下的特殊封装贴片元件需做好保存，待确认功能完好后可重复使用。

8.5　工业生产锡焊技术

在电子工业生产中，随着电子产品的小型、微型化的发展，为了提高生产效率，降低生产成本，保证产品质量，目前电子工业生产中采取自动流水线焊接技术，特别是电子的微型化发展，单靠手工烙铁焊接已无法满足焊接技术的要求。浸焊与波峰焊的出现使焊接技术达到了一个新水平，其适应印制电路板的发展，可大大提高焊接效率，并使焊接质量有较高的一致性，目前已成为印制电路板的主要焊接方法，在电子产品生产中得到普遍使用。

浸焊是将插装好元器件的印制电路板在熔化的锡槽内浸锡，一次完成印制电路板众多焊接点的焊接方法。浸焊有手工浸焊和机器自动浸焊两种形式。浸焊不仅比手工焊接大大提高了生产效率，尤其可以消除漏焊现象。

波峰焊是目前应用最广泛的自动化焊接工艺。与自动浸焊相比，自动浸焊锡槽内的焊锡表面是静止的，表面氧化物易粘在焊接点上，并且印制电路板被焊面全部与焊锡接触，温度高，易烫坏元器件并使印制电路板变形，难以充分保证焊接质量；而波峰焊锡槽中的锡不是静止的，熔化的焊锡在机械泵（或电磁泵）的作用下由喷嘴源源不断流出而形成波峰。波峰即顶部的锡无丝毫氧化物和污染物，在传动机构移动过程中，印制线路板分段、局部与波峰接触焊接，避免了浸焊工艺存在的缺点，使焊接质量可以得到保障，焊接点的合格率可达到99.97%以上。

8.6　表面安装技术简介

表面安装技术（Surface Mount Technology，SMT）是现代电子产品先进制造技术的重要组成部分，它是将片式化、微型化的无引线或短引线表面组装元件/器件（简称 SMC/SMD）直接贴、焊到印制电路板表面或其他基板的表面上的一种电子组装技术。将元件装配到印制板或其他基板上的工艺方法称为SMT工艺。相关的组装设备则称为SMT设备。

表面安装技术内容包括表面组装元器件、组装基板、组装材料、组装工艺、组装设计、组装测试与检测技术、组装及其测试和检测设备等，是一项综合性工程科学技术。它将传统的电子元器件压缩成为体积只有几十分之一的器件，从而实现了电子产品组装的高密度、高可靠性、小型化、低成本，以及生产的自动化。表面安装元器件的手工焊接，本章已做了简单介绍。

目前，先进的电子产品，特别是在计算机及通信类电子产品中，已普遍采用SMT技术。国际上 SMD 器件产量逐年上升，而传统器件产量逐年下降，因此随着进间的推移，SMT技术将越来越普及。

第9章 常用电子元器件认知与测试

电子元器件是电子产品的基本组成单元，在各类电子产品中占有重要地位，特别是一些通用电子元器件更是电子产品必不可少的基本材料。熟悉和掌握常用电子元器件的种类、结构、性能，并能够正确地使用是提高电子产品质量的基本要素。本章主要介绍电子产品中常用的电子元器件，包括电阻、电容、电感、二极管、三极管、集成电路等。

9.1 电阻器

电阻器简称电阻，电阻在电子产品中是一种必不可少的电子元件。它的种类繁多，形状各异，功率也不同，在电路中用来限流、分流、分压等。

9.1.1 电阻种类

电阻可分为固定电阻和可变电阻两大类。固定电阻的电阻值是固定不变的，阻值的大小就是它的标称值，固定电阻常用字母"R"表示。固定电阻的种类比较多，分类如下：

1. 按制作材料分类

电阻按材料分类有线绕型电阻、薄膜型电阻、合成型电阻等。

2. 按用途分类

电阻按照用途分类有精密电阻、高频电阻、大功率电阻、熔断电阻、热敏电阻、光敏电阻、压敏电组等。

3. 按外形分类

电阻按外形分类可分为圆柱形电阻、管形电阻、方形电阻、片状形电阻。

常见电阻的外形如图 9.1.1 所示。

金属膜电阻　　　　　　　　碳膜电阻

图 9.1.1　常用电阻外形

电路符号如图 9.1.2 所示。

一般电阻　　　可调电阻　　　压敏电阻　　　光敏电阻

图 9.1.2　电阻电路符号

9.1.2 电阻主要参数

1．标称电阻值

电阻的国际单位是欧[姆]，用Ω表示。除欧姆外，还有 kΩ（千欧）和 MΩ（兆欧）。它们的换算关系是：$1M\Omega=10^3k\Omega$，$1k\Omega=10^3\Omega$。

标称阻值是指电阻表面所标示的阻值。除特殊定做以外其组织范围应符合国标规定的阻值系列。目前电阻标称阻值有三大系列：E6、E12、E24，其中 E24 系列最全面，如表 9.1.1 所示。可根据表中所列标称值乘以 10^N（N 为整数）表示实际的电阻值。例如，标称值 2.4 可表示 2.4Ω、24Ω、240Ω、2.4kΩ、24kΩ、240kΩ、2.4MΩ、24MΩ、240MΩ等实际电阻值。电阻的实际阻值和标称阻值往往存在偏差，偏差除以标称阻值所得的百分数，叫做电阻的允许误差。常用电阻允许误差的等级有Ⅰ级（±5%）、Ⅱ级（±10%）、Ⅲ级（±20%）。误差为±2%，±1%，±0.5%，…的电阻称为精密电阻。误差越小，电阻精度越高。

表 9.1.1　电阻标称值系列

系　　列	允许误差（%）	标　称　阻　值
E24	±5	1.0、1.1、1.2、1.3、1.5、1.6、1.8、2.0、2.2、2.4、2.7、3.0、3.3、3.6、3.9、4.3、4.7、5.1、5.6、6.2、6.8、7.5、8.2、9.1
E12	±10	1.0、1.2、1.5、1.8、2.2、2.7、3.3、3.9、4.7、5.6、6.8、8.2
E6	±20	1.0、1.5、2.2、3.3、4.7、6.8

2．额定功率

额定功率是指电阻在规定环境下，长期连续工作所允许消耗的最大功率。电阻的额定功率也有标称值，常用的有 1/8W、1/4W、1/2W、1W、2W、3W、5W、10W、20W 等。在电路图中，常用图 9.1.3 所示的符号来表示电阻的标称功率。选用电阻的时候，要留一定的余量，选标称功率比实际消耗的功率大一些的电阻。比如实际负荷 1/4W，可以选用 1/2W 的电阻，实际负荷 3W，可以选用 5W 的电阻。电阻的额定功率与体积大小有关，电阻的体积越大，额定功率数值也越大。2W 以下的电阻以自身体积大小表示功率值。

图 9.1.3　电阻的功率表示

9.1.3 电阻表示方法

1．直标法

直接用数字表示电阻的阻值和误差，例如电阻上印有 68kΩ±5%，则阻值为 68kΩ，误差为±68×5%。

2．文字符号法

用数字和文字符号或两者有规律的组合来表示电阻的阻值。文字符号 k、Ω、M 前面的数字表示阻值的整数部分，文字符号后面的数字表示阻值的小数部分，例如 2k7，其阻值表示为 2.7kΩ。

3．色环法

现在常用的固定电阻都用色环法来表示它的标称阻值和误差。色环法就是用颜色表示元件的标称阻值和误差，并直接标志在产品上的一种方法。常见的色环电阻有四环和五环电阻两种，其中五环电阻属于精密电阻。一般由四道色环或五道色环来表示其标称阻值和误差，各种颜色代表不同的数值，色环颜色所代表的数字或意义见表 9.1.2 和表 9.1.3，用不同颜色的色环表示电阻的阻值和误差。

表 9.1.2　四色环阻值对应表

色环颜色	棕	红	橙	黄	绿	蓝	紫	灰	白	黑	金	银	无色
第一位数	1	2	3	4	5	6	7	8	9	0			
第二位数	1	2	3	4	5	6	7	8	9	0			
乘倍数	10	10^2	10^3	10^4	10^5	10^6	10^7	10^8	10^9	10^0	10^{-1}	10^{-2}	
允许误差（%）										±5	±10	±20	

一般来说，将金色或银色的那一道色环放在右边，则从左到右依次是第一、二、三、四道色环。第一道色环表示阻值的第一位数字，第二道色环表示阻值第二位数字，第三道色环表示阻值后加几个零，阻值的单位是欧姆，第四道色环表示阻值的允许误差。得出的电阻值如果大于 1000Ω，应换算成较大单位的阻值，这就是"够千进位"的原则。这样图 9.1.4 所示的电阻标称阻值就是 1500Ω（应换算成 1.5kΩ），允许误差是±5%。

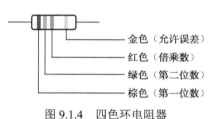

金色（允许误差）
红色（倍乘数）
绿色（第二位数）
棕色（第一位数）

图 9.1.4　四色环电阻器

表 9.1.3　五色环阻值对应表

色环颜色	棕	红	橙	黄	绿	蓝	紫	灰	白	黑	金	银
第一位数	1	2	3	4	5	6	7	8	9	0		
第二位数	1	2	3	4	5	6	7	8	9	0		
第三位数	1	2	3	4	5	6	7	8	9	0		
乘倍数	10	10^2	10^3	10^4	10^5	10^6	10^7	10^8	10^9	10^0	10^{-1}	10^{-2}
允许误差（%）	±1	±2			±0.5	±0.25	±0.1	±0.05				

色环靠近引出端最近的一环为第一环，其余依次为第二、三、四、五道色环。第一道色环表示阻值的第一位数字，第二道色环表示阻值第二位数字，第三道色环表示第三位数字，第四道色环表示阻值后加几个零，阻值的单位是欧姆，第五道色环表示阻值的允许误差。这样图 9.1.5 所示的电阻标称阻值就是 140000Ω（应换算成 140kΩ），允许误差是±1%。

4. 数码法

数码法是用三位数码表示电阻的标称值。数码从左到右，前两位为有效值，第三位是指零的个数，即表示在前两位有效之后所加零的个数。例如：152 表示在 15 后面加 2 个"0"，即 1500Ω=1.5kΩ。此种方法在贴片电阻中使用较多。

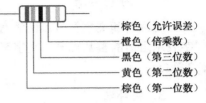

棕色（允许误差）
橙色（倍乘数）
黑色（第三位数）
黄色（第二位数）
棕色（第一位数）

图 9.1.5　五色环电阻器

9.1.4　电阻简易测量

电阻值测试的方法主要有万用表（数字万用表）测试法。首先，观察数字万用表显示屏是否有电池电量不足标示，如果有则说明电池电量不足，应更换电池。其次，按数字万用表使用方法规定，黑表笔接"COM"口，红表笔接"VΩ"口。将挡位旋钮置于电阻挡，根据被测电阻的阻值来选择倍率挡。最后，右手拿万用两个表笔，左手拿电阻体的中间，两个表笔分别接触电阻的两根引线，读出电阻值。

注意测量时，切不可用手同时捏表棒和电阻的两根引线，因为这样测量的是原电阻与人体电阻并联的阻值，尤其是测量大电阻时，会使测量误差增大。在电路中测量电阻应切断电源，要考虑电路中的其他元器件对电阻值的影响。如果电路中接有电容，还必须将电容放电，以免万用表被烧毁。用万用表检查时，主要测量它的阻值及误差是否在标称值范围内。如果要对电阻器进行较精密的测量，则应使用专用测量仪器来进行。

9.2　电位器

电位器是一种阻值可以连续调节的电阻。在电子产品设备中，经常用它进行阻值和电位的调节。例如，在收音机中用它来控制音调、音量；在电视机中用来调解亮度、对比度等。

9.2.1　电位器结构

图 9.2.1 是碳膜电位器的内部结构图。

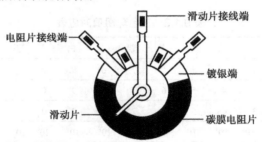

滑动片接线端
电阻片接线端
镀银端
滑动片
碳膜电阻片

图 9.2.1　碳膜电位器内部结构图

常用电位器外形如图 9.2.2 所示。

电位器的阻值即电位器的标称值，是指其两固定端间的阻值。电位器的常用符号如图 9.2.3 所示。

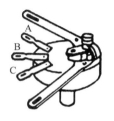

图 9.2.2 常用电位器外形

图 9.2.3 电位器符号

9.2.2 电位器种类

电位器的种类很多、形状各异，它可以按照材料、调节方式、结构特点、阻值变化规律、用途进行分类，如表 9.2.1 所示。

表 9.2.1 电位器的分类

分 类 方 式		种　　类
材料	合金型电位器	线性电位器、块金属膜电位器
	合成型电位器	有机和无机实芯型、金属玻璃釉型、导电塑料型
	薄膜型电位器	金属膜型、金属氧化膜型、碳膜型、复合膜型
按调节方式		直滑式、旋转式（有单圈和多圈两种）
按结构方式		带抽头、带开关（推拉式和旋转式）、单联、同步多联、异步多联
按阻值变化规律		线型、对数型、指数型
按用途		普通型、微调型、精密型、功率型、专用型

9.2.3 电位器简易测量

用 A、B 表示电位器的固定端，P 表示电位器的滑动端。调节 P 的位置可以改变 A、P 或者 P、B 之间的阻值，但是不管怎么调节，结果应该遵循 $R_{AB} = R_{AP} + R_{PB}$ 。

电位器在使用过程中，由于旋转频繁而容易发生故障。这种故障表现为噪声、声音时大时小、电源开关失灵等。可用万用表来检查电位器的质量。

1. 测量电位器 A、B 端总电阻是否符合标称值

把表笔分别接在 A、B 之间，看万用表读数是否与标称值一致。

2. 检测电位器的活动臂与电阻片的接触是否良好

用万用表的欧姆档测 A、P 或者 P、B 两端，慢慢转动电位器，阻值应连续变大或变小，若有阻值变化则说明活动触电有接触不良的故障。

3. 测量开关电位器的好坏

对于开关电位器的好坏判断，可用数字万用表的测二极管挡检测，分别对开关进行断开和闭合两方面的测试。若开关断开，数字万用表两表笔放在开关两个引脚上应该不发声，如果发声，则说明开关发生短路；若开关闭合，数字万用表两表笔放在开关两个引脚上应该发声，如果不发声，则说明开关发生断路。

4．检查外壳与引脚的绝缘性

将数字万用表一表笔接电位器外壳，另一表笔逐个接触每一个引脚，阻值均应为无穷大；否则，说明外壳与引脚间绝缘不良。

9.3　电容器

电容器简称电容，是由两个金属电极中间夹一层绝缘材料（即电介质）构成的，能够储存电荷容量，在电路中的使用频率仅次于电阻。电容的基本特征是不能通过直流电，而能"通过"交流电，且容量越大，电流频率越高，它的容抗就越小，交流电流就越容易"通过"。电容的这些基本特征，在无线电电路中得到了广泛的应用。例如可以用在调谐、极间耦合、滤波、交流旁路等方面，并与其他元件如电阻、电感配合使用，组成各种特殊功能的电路，所以电容也是电子设备中不可缺少的基本元件。

9.3.1　电容种类

电容按结构可分为固定电容、可变电容和微调电容；按介质可分为空气介质电容、固体介质（云母、陶瓷、涤纶等）电容及电解电容；按有无极性可分为有极性电容和无极性电容。常见电容的外形如图 9.3.1 所示。

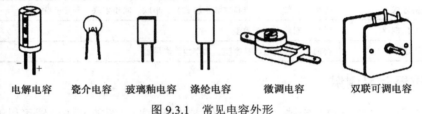

电解电容　　瓷介电容　　玻璃釉电容　　涤纶电容　　微调电容　　双联可调电容

图 9.3.1　常见电容外形

电容的电路符号如图 9.3.2 所示。

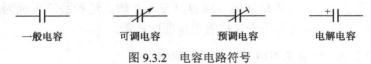

一般电容　　　可调电容　　　预调电容　　　电解电容

图 9.3.2　电容电路符号

9.3.2　电容主要参数

1．电容容量的单位

电容的容量是指其加上电压后储存电荷能力的大小。它的国际单位是法（F），由于法这个单位太大，因而常用的单位有毫法（mF）、微法（μF）、纳法（nF）和皮法（pF）。单位之间的换算如表 9.3.1 所示。

表 9.3.1　电容单位及其换算

法拉（F）	毫法（mF）	微法（μF）	纳法（nF）	皮法（pF）
1 F	10^{-3} F	10^{-6} F	10^{-9} F	10^{-12} F

2．额定工作电压

额定工作电压又称为耐压，是指在允许的环境温度范围内，电容上可连续长期施加的最大电压有效值。它一般直接标注在电容的表面，使用时绝不允许电路的工作电压超过电容的耐压，否则电容就会击穿。如果电容用于交流电路中，其最大值不能超过额定直流工作电压。

9.3.3　电容容量标识方法

电容容量的标识方法主要有直标法、数码法和色标法三种。

1．直标法

将电容的容量、耐压及误差直接标注在电容的外壳上，其中误差一般用字母来表示。常见的表示误差的字母有 J(±5%) 和 K(±10%) 等。例如，47nJ100 表示容量为 47nF 或 0.047uF×5%，耐压为 100V。

当电容所标容量没有单位时，在读其容量时可按如下原则：当容量在 $1 \sim 10^4$ 之间时，单位为 pF；当容量大与 10^4 时，单位为 μF。

2．数码法

用三位数字来表示容量的大小，单位为 pF。前两位为有效数字，第三位表示倍率，即乘以 10^n，n 的范围是 $1 \sim 9$。例如，223 表示 $22×10^3pF=0.022μF$。

3．色标法

这种表示方法与电阻的色环表示方法类似，其颜色所代表的数字与电阻色环完全一致，单位为 pF。例如，红红橙表示 $22×10^3pF$。

9.3.4　电容简易测量

为保证电路的正常工作，电容在装入电路之前必须进行性能检查。基本原理是利用电容的充放电，用万用表欧姆挡检测电容的性能是否良好，如断路、漏电、短路及失效等。

根据电容容量的大小，适当选择模拟万用表欧姆挡量程（如测 1μF 以上的电容，万用表选 R×1K 挡），两表笔分别接触电容的两根引线，用表黑笔接正极，红笔接负极（电解电容测试前应先将正、负极短路放电）。表针应顺时针摆动，然后逆时针慢慢向"∞"处退回（容量越大摆动幅度越大），表针静止时的指示值，就是被测电容的漏电电阻，此值越大，电容的绝缘性能就越好，质量好的电容漏电电阻值很大，在几百兆欧以上。在测量过程中，静止时表针距"∞"处较远或表针退回到"∞"处又顺时针摆动，这都表明电容漏电严重。若指针在"0"处始终不动，说明电容内部短路。

对电容的测量也可用数字万用表测量其漏电阻。测量时要注意对电容进行放电，注意红表笔接正极，黑表笔接负极，注意当数字万用表显示为"∞"稳定后再进行测量。对于 4700pF 以下的小容量电容，由于容量小、充电时间快、充电电流小、用万用表的高阻值挡也看不出指针摆动或阻值来，此时可借助电容表直接测量其容量。

9.4　电感器

电感器简称电感，是利用漆包线在绝缘骨架上绕制而成的一种能够存储磁场能的电子元件。电感在电子制作中虽然使用得不是很多，但它们在电路中同样重要。在电路中电感有阻流、变压和传送信号等作用。电感和电容一样，也是一种储能元件，它能把电能转变为磁场能，并在磁场中储存能量；但特性恰恰与电容的特性相反，它具有阻止交流电通过而让直流电通过的特性。电感经常和电容一起工作，构成 LC 滤波器、LC 振荡器等。另外，人们还利用电感的特性，制造了阻流圈、变压器、继电器等。

9.4.1　电感分类

电感通常分为两大类，一类是应用于自感作用的电感线圈，另一类是应用于互感作用的变压器。下面介绍一下它们各自的分类情况。

1.　电感线圈的分类

电感线圈是根据电磁感应原理制成的器件。它的用途极为广泛，如 LC 滤波器、调谐放大器或振荡器中的谐振回路、均衡电路、去耦电路等。电感线圈用符号 L 表示。按电感线圈圈心分为空心线圈和带磁心的线圈；按绕制方式分为单层线圈、多层线圈、蜂房线圈等；按电感量变化情况分为固定电感和微调电感等。

2.　变压器的分类

变压器是利用两个绕阻的互感原理来传递交流电信号和电能的。按变压器的铁心和线圈结构分为有心变式变压器和壳式变压器等（大功率变压器以心式结构为多，小功率变压器常采用壳式结构）；按变压器的使用频率可分为高频变压器、中频变压器和低频变压器。

常见的电感如图 9.4.1 所示。

固定电感　　　　　空心电感　　　　可调磁心电感　　　中频变压器　　　高频变压器

图 9.4.1　常见电感

电感电路符号如图 9.4.2 所示。

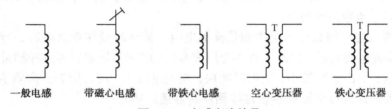

一般电感　　带磁心电感　　带铁心电感　　空心变压器　　铁心变压器

图 9.4.2　电感电路符号

9.4.2 电感的标识

为了表明电感的不同参数，便于在生产、维修时识别和应用，常在小型固定电感的外壳上涂上标识，其标识方法有直标法、色标法和数码法三种表示方法。

1. 直标法

直标法是指在小型固定电感的外壳上直接用文字标出电感的主要参数，如电感量、误差量、最大直流工作的对应电流等。

2. 色标法

色标法是指在电感的外壳涂上各种不同颜色的环，用来标注其主要参数。第一条色环表示电感量的第一位有效数字；第二条色环表示第二位有效数字；第三条色环表示倍乘数；第四条表示允许偏差。数字与颜色的对应关系和色环电阻标识法相同。

例如，某电感的色环标志分别为：

红红银黑：表示其电感量为（0.22+20%）μH；

黄紫金银：表示其电感量为（4.7±10%）μH

3. 数码法

标称电感值采用三位数字表示，前两位数字表示电感值的有效数字，第三位数字表示 0 的个数，单位为 μH。

9.4.3 电感主要参数

1. 电感线圈性能指标

1）标称电感量

标称电感量是反映电感线圈自感应能力的物理量。电感量的大小与线圈的形状、结构和材料有关。实际的电感量常用"mH"、"μH"作单位，换算关系是 $1H=10^3mH=10^6\mu H$。

电感量的大小主要取决于线圈的直径、匝数及有无铁磁心等。电感线圈的用途不同，所需的电感量也不同。如在高频电路中，线圈的电感量一般为 $0.1\mu H \sim 100H$。

2）品质因数

品质因数用来表示线圈损耗的大小，高频线圈的品质因数通常为 $50\sim300$。电感线圈中，储存能量与消耗能量的比值称为品质因数，也称 Q 值，具体表现为线圈的感抗（ωL）与线圈的损耗电阻（R）的比值 $Q=\omega L/R$。

3）固有电容

电感线圈的分布电容是指线圈的匝数之间形成的电容效应。线圈绕组的匝与匝之间存在着分布电容，多层绕组层与层之间也都存在着分布电容。这些分布电容可以等效成一个与线圈并联的电容 C_0，实际为由 L、R 和 C_0 组成的并联谐振电路。

4）额定电流

额定电流是指电感正常工作时，允许通过的最大电流。若工作电流大于额定电流，电感会引发热而改变参数，严重时会烧毁。

2．变压器主要参数

1）变压比

一次电压与二次电压之比为变压比，简称变比。当变比大于 1 时，变压器称为降压变压器；变比小于 1 时，变压器称为升压变压器。

2）效率

在额定负载下，变压器的输出功率与输入功率的比值称为变压器的效率。变压器的效率与功率有关。一般功率越大，效率越高。

3）额定功率

电源变压器的额定功率是指在规定的频率和电压下，变压器能长期工作而不超过规定温升时的输出功率。

4）频率特性

频率特性是指变压器有一定的工作频率范围，不同工作频率范围的变压器，一般不能互换使用。因为变压器有其频率范围以外工作时，会出现工作时温度升高或不能正常工作等现象。

9.4.4　电感简易测量

1．电感线圈的简易测量

电感的电感量一般可用万用表测量线圈的直流电阻来判断其好坏。

用数字万用表电阻挡测量电感阻值的大小，或用数字万用表测二极管挡测量电感的导通。若被测电感的阻值很小或发出响声，说明电感正常；但是有许多电感的电阻值很小，只有零点几欧姆，最好用电感量测试仪器来测量；若被测电感阻值为无穷大或没有发出响声，则说明电感的绕组或引出脚与绕组接点处发生了断路故障。

2．变压器的简易测试

1）绝缘性能测试

用万用表欧姆挡分别测量铁心与一次、一次与二次、铁心与二次、静电屏蔽层与一次和二次间的电阻值，应均为无穷大；否则，说明变压器绝缘性能不良。

2）测量绕组通断

用万用表分别测量变压器一次、二次各个绕阻间的电阻值。一般一次绕组的点阻值应为几十欧至几百欧，变压器功率越小电阻值越小；二次绕组电阻值一般为几欧至几十欧。如果测量某一组的电阻值为无穷大，则该组有断路故障。

9.5　二极管

二极管也称晶体二极管，简称二极管。二极管具有单向导电性，可用于整流、检波、稳压及混频电路中。

9.5.1　二极管分类

1．按材料分类

二极管按材料可分为锗管和硅管两大类。两者性能的区别在于：锗管正向压降比硅管小；

锗管的反向漏电流比硅管大；锗管的 PN 结可以承受的温度比硅管低。

2．按用途分类

二极管按用途分可以分为普通二极管和特殊二极管。普通二极管包括检波二极管、整流二极管、开关二极管和稳压二极管；特殊二极管包括变容二极管、光电二极管和发光二极管。

常见的二极管如图 9.5.1 所示。

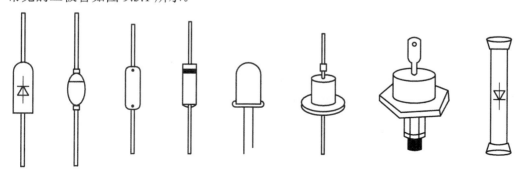

图 9.5.1　常见二极管

二极管的电路符号如图 9.5.2 所示。

| 普通二极管 | 稳压二极管 | 发光二极管 | 光电二极管 | 变容二极管 |

图 9.5.2　二极管电路符号

9.5.2　二极管主要参数

1．最大整流电流 I_F

在正常工作情况下，二极管允许最大正向平均电流称为最大整流电流 I_F，使用时二极管的平均电流不能超过这个数值。

2．最高反向电压 U_{RM}

反向加在二极管两端，而不致引起 PN 结击穿的最大电压称为最高反向电压 U_{RM}，工作电压仅为击穿电压的 $1/2\sim1/3$，工作电压的峰值不能超过 U_{RM}。

3．最高反向电流 I_{RM}

因载流子的漂移作用，二极管截止时仍有反向电流流过 PN 结。该电流受温度及反向电压的影响。I_{RM} 越高，二极管质量越好。

4．最高工作频率

最高工作频率指保证二极管单项导电作用的最高工作频率，若信号频率超过此值，二极管的单项导电性能失效。

9.5.3 二极管简易测试

1．判断二极管的好坏

判断二极管好坏常用的方法是测试二极管的正、反向电阻，然后加以判断。正向电阻越小越好，反向电阻越大越好，即二者相差越大越好。一般正向电阻阻值为几百欧或几百千欧，反向电阻阻值为几百兆欧或无穷大，这样的二极管是好的。如果正反向电阻都为无穷大，表示内部断线。正反向电阻都为零表示 PN 结击穿或短路，则说明二极管是坏的。若正反向电阻一样大，这样的二极管也是坏的。

实际测量二极管的好坏，可用数字万用表的测二极管挡进行检测。锗二极管的正向导通压降为 0.3V；硅二极管的正向导通压降为 0.7 V；发光二极管的正向导通压降一般在 1.7 V 左右。

2．判断二极管的正极和负极

通过测量二极管的正反向电阻，能判断二极管的正负极。使用数字万用表测得正向电阻时（阻值为几百欧或几百千欧），红表笔接的是二极管正极，黑表笔接的是二极管的负极。测得反向电阻时（阻值为几百兆欧或无穷大），黑表笔接的是正极，红表笔接的是负极。

由于二极管是非线性元件，用不同倍率的欧姆挡或不同灵敏度的万用表进行测试时，所得的数据是不同的，但是正反向电阻相差几百倍这一原则是不变的。如图 9.5.3 用数字万用表进行二极管正、反向电阻测量。

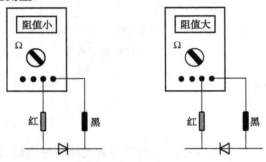

图 9.5.3　二极管正、反向电阻测量

9.6　三极管

三极管又称晶体三极管，简称晶体管，或双极型晶体管。它是电子电路中的重要元件。具有结构牢固、寿命长、体积小、耗电省等优点，因此得到广泛使用。三极管最基本的特点是具有放大作用，用它可以组成高频、低频放大电路，振荡电路，广泛地应用在收音机、扩音机、录音机、电视机和其他各种半导体电路中。

9.6.1　三极管分类

1．按材料分类

三极管按材料可分为硅三极管、锗三极管。

2．按导电类型分类

三极管按导电类型分为 PNP 和 NPN 型。锗三极管多为 PNP 型，硅三极管多为 NPN 型。

3．按用途分类

按工作频率分为高频（f_T<3MHz）、低频（f_T<3MHz）和开关三极管。按功率又分为大功率（P_C>1W）、中功率（P_C 在 0.5～1W）和小功率（P_C<0.5W）三极管。

常用三极管的外形如图 9.6.1 所示。

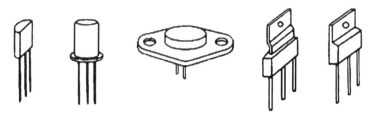

图 9.6.1　常用三极管外形

三极管电路符号如图 9.6.2 所示。

NPN型三极管　　　　　PNP型三极管

图 9.6.2　三极管电路符号

9.6.2　三极管主要参数

1．共发射极电流放大倍数 h_{FE}

集电极电流 I_c 与基极电流 I_b 之比为共发射极电流放大倍数，即 $h_{FE}=I_c/I_b$。

2．集电极—发射极反向饱和电流 I_{ceo}

I_{ceo} 为基极开路时，集电极与发射极之间加上规定的反向电压时的集电极电流，又称穿透电流。它是衡量三极管热稳定性的一个重要参数，I_{ceo} 值越小，则三极管的抗热危害性越好。

3．集电极—基极反向饱和电流 I_{cbo}

I_{cbo} 为发射极开路时，集电极与基极之间加上规定的电压时的集电极电流。良好三极管的 I_{cbo} 应该很小。

4．共发射极交流电流放大系数 β

在共发射极电路中，集电极电流变化量 $\triangle I_c$ 与基极电流变化量 $\triangle I_b$ 之比为共发射极交流电流放大系数 β，即 $\beta=\triangle I_c/\triangle I_b$

5．共发射极截止频率 f_β

共发射极截止频率指反向电流放大系数因频率增加而下降至低频放大系数的 0.707 时的频率。

6. 特征频率 f_t

f_t 指 β 值因频率升高而下降至 1 时的频率。

7. 集电极最大允许电流 I_{cm}

I_{cm} 为三极管参数变化不超过规定值时，集电极允许通过的最大电流。当三极管的实际工作电流大于 I_{cm} 时，管子的性能将显著变差。

8. 集电极—发射极反向击穿电压 BU_{ceo}

BU_{ceo} 为基极开路时，集电极与发射极间的反向击穿电压。

9. 集电极最大允许功率损耗 P_{cm}

P_{cm} 指集电极允许功耗的最大值，其大小决定于集电极的最高温度。

9.6.3 三极管简易测量

1. 先判断基极及三极管类型（PNP 型和 NPN 型）

测试时将数字万用表放在测电阻挡，用红表笔与任意引脚相连，黑表笔分别与另外两个引脚相接，测量其阻值，如果阻值均趋于无穷大，则应把红表笔所接的引脚调换一个，再用以上方法测试。如果测量有阻值，则红笔所接就是基极，而且确定三极管为 NPN 型，反之，若用黑表笔固定接触某一引脚而用红表笔分别与两个引脚相接，当测得两者都有阻值时，则为 PNP 型三极管。黑表笔所接是基极。

2. 判断集电极和发射极

以 NPN 型三极管为例，用数字万用表进行测量。把红表笔接到假设的集电极 c 上，黑表笔接到假设的发射极 e 上，并且用手握住 b 和 c 极（b 和 c 极不能直接接触），通过人体，相当于在 b、c 之间接入偏置电阻。读出万用表所示 c、e 间的电阻值，然后将红、黑表笔反接重测，若第一次电阻比第二次小（第二次阻值接近于无穷大），说明原假设成立，即红表笔所接的是集电极 c，黑表笔接的是发射极 e。故 c、e 之间电阻值小，正好说明通过万用表的电流大，偏值较小。如图 9.6.3 所示用数字万用表判断三极管的集电极、发射极。

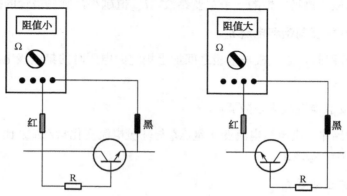

图 9.6.3　三极管集电极、发射极判断方法

还可以用数字万用表测三极管放大倍数挡进行测量。将数字万用表置于测三极管放大倍

数挡，被测三极管插入测量孔内，如果有放大倍数，则可清晰判断三极管为何种类型；如果没有放大倍数，则说明被测三极管插入的位置不对，三极管的极性判断有误。

3．三极管性能简单测试

以 NPN 型为例，将基极 b 开路，测量 c、e 极间的电阻。数字万用表红笔接发射极，黑笔接集电极，若阻值较高趋于无穷大，则说明穿透电流较小，三极管能正常工作；若 c、e 极间有阻值，则穿透电流大，受温度影响大，工作不稳定。在技术指标要求高的电路中不能用这种三极管。若测得阻值近似为 0，表明三极管已被击穿。

在集电极 c 和基极 b 之间接入 $100\text{k}\Omega$ 的电阻器 R_b，测量 R_b 接入前后两次发射极和集电极之间的电阻。万用表红表笔接发射极，黑表笔接集电极，电阻值相差越大，则说明直流放大系数越高。

9.7 集成电路

集成电路（IC），就是利用半导体工艺、厚膜工艺、包膜工艺，将无源器件（电阻、电容、电感等）和有源器件（如二极管、三极管、场效应管等）按照设计要求连接起来，制作在同一片硅片上，成为具有特殊功能的电路。集成电路在体积、重量、耗电、寿命、可靠性、机电性能指标方面都远远优于晶体管分立元件组成的电路，因而几十年来，集成电路生产技术取得了迅速的发展，同时得到了非常广泛的应用。

1．集成电路的分类

集成电路从不同的角度有不同的分类方法。按照制造工艺的不同，可以分为半导体集成电路、厚膜集成电路、薄膜集成电路和混合集成电路；按功能和性质分，可分为数字集成电路、模拟集成电路和微波集成电路。

也可按集成规模划分，可分为小规模、中规模、大规模和超大规模集成电路等。集成度少于 10 个门电路或少于 100 个元件的，称为小规模集成电路；集成度在 10～100 个门电路之间，或者元件数在 100～1000 个之间的称为中规模集成电路；集成度在 100 个门电路以上或1000 个元件以上，称为大规模集成电路；集成度达到 1 万个门电路或 10 万个元件的，称为超大规模集成电路。

2．集成电路引脚识别

集成电路引脚排列顺序的标志一般有色点、凹槽、管键及封装时压出的圆形标志。对于双列直插集成板，引脚识别方法是将集成电路水平放置，引脚向下，标志朝左边，左下角第一个引脚，然后按逆时针方向数，依次为 2、3 等。对于单列直插集成板，让引脚向下，标志朝左边，从左下角第一个引脚到最后一个引脚，依次为 1、2、3 等，如图 9.7.1 所示。

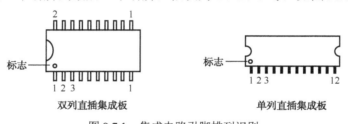

双列直插集成板   单列直插集成板

图 9.7.1 集成电路引脚排列识别

3. 集成电路的选用和使用注意事项

集成电路的种类五花八门，各种功能的集成电路应有尽有。在选用集成电路时，应根据其实际情况，查器件手册，选用功能和参数都符合要求的集成电路。集成电路在使用时，应注意以下几个问题：

1）集成电路在使用时，不许超过参数手册中规定的参数数值。

2）集成电路插装时要注意引脚序号方向，不能插错。

3）扁平型集成电路外引出线成形、焊接时，引脚要与印制电路板平行，不得穿引扭焊，不得从根部弯折。

4）集成电路焊接时，不得使用大于 45W 的电烙铁，每次焊接的时间不得超过 10 秒，以免损坏电路或影响电路性能。集成电路引脚间距较小，在焊接时各焊点间的焊锡不能相连，以免造成短路。

5）使用时，加在栅极上的电压不能过大，若电压过大，栅极的绝缘氧化膜就容易被击穿。一旦发生了绝缘击穿，就不可能再恢复集成电路的性能。

CMOS 集成电路为了保护栅极的绝缘氧化膜免遭击穿，虽备有输入保护电路，但保护有限，使用时如不小心，仍会引起绝缘击穿。因此使用时应注意：焊接时采用漏电小的电烙铁，或焊接时暂时拔掉电烙铁电源；电路操作者的工作服、手套应由无静电的材料制成，工作台上要铺上导电的金属板，椅子、工夹器具和测量仪器等均应接到地电位，特别是电烙铁的外壳必须有良好的接地线；当要在印制板上插入或者拔出大规模集成电路时，一定要先切断电源；切勿用手触摸大规模集成电路的端子（引脚）；直流电源的接地端子一定要接地。另外，在存储CMOS 集成电路时，必须将集成电路放在金属盒内或用金属箔包装起来。

第10章　印制电路板制作

印制电路板（pinted Circuit Board），简称印制板或 PCB 板，也称之为印制线路板，是由绝缘基板、连接导线和装配焊接电子元器件的焊盘组成的。它可以实现电路中各个元器件的电气连接，代替复杂的布线，减少传统方式下的工作量，简化电子产品的装配、焊接、调试工作；缩小整机体积，降低产品成本，提高电子设备的质量和可靠性；有利于在生产过程中实现机械化和自动化；使整块经过装配调试的印制电路板作为一个备件，便于整机产品的互换与维修。由于具备以上优点，目前，印制电路板已经广泛地应用在电子产品的生产制造中。掌握印制电路板的基本设计方法和制作工艺，了解其生产过程是学习电子工艺技术的基本要求。本章主要介绍印制电路板布局和布线等设计原则及手工制作过程,计算机辅助设计过程将在下一章详细介绍。

10.1　印制电路板基础

10.1.1　分类

一般将印制电路板按印制电路的分布划分为以下三种。

1. 单面印制电路板

仅在一面有导电图形的印制板为单面印制电路板。厚度为 0.2～5.0mm 的绝缘基板上一面覆有铜箔，另一面没有覆铜。通过印制和腐蚀的方法，在铜箔上形成印制电路，无覆铜的一面放置元器件。因其只能在单面布线，所以设计难度较双面印制电路板和多层印制电路板的设计难度大。适用于一般要求的电子设备，如收音机、电视机等。

2. 双面印制电路板

两面都有导电图形的印制板为双面印制电路板。在绝缘基板的两面均覆有铜箔，可在两面制成印制电路，它的两面都可以布线，需要用金属化孔连通。由于双面印制电路的布线密度较高，所以能减小设备的体积。适用于一般要求的电子设备，如电子计算机、电子仪器、仪表等。

3. 多层印制电路板

三层和三层以上导电图形和绝缘材料层压合成的印制板为多层印制电路板。它由几层较薄的单面板或双层面板粘合而成，其厚度一般为 1.2～2.5mm。为了把夹在绝缘基板中间的电路引出，多层印制板上安装元件的孔需要金属化，即在小孔内表面涂敷金属层，使之与夹在绝缘基板中间的印制电路接通。目前应用较多的多层印制电路板为 4～6 层板，是用于高要求的电子设备，如嵌入式系统的设计等。

印制电路板还可以按基材的性质分为刚性印制板和挠性印制板两大类。刚性印制板具有一定的机械强度，用它装成的部件具有一定的抗弯能力，在使用时处于平展状态。一般电子设备中使用的都是刚性印制板。挠性印制板是以软层状塑料或其他软质绝缘材料为基材制成的。它所制成的部件可以弯曲和伸缩，在使用时可根据安装要求将其弯曲。一般用于特殊场合，如某些数字万用表的显示屏是可以旋转的，其内部往往采用挠性印制板。

10.1.2　板材

制造印制电路板的主要材料是覆铜箔板，将其经过粘接、热挤压工艺，使一定厚度的铜箔牢固地覆着在绝缘基板上。所用基板材料及厚度不同，铜箔与粘接剂也各有差异，制造出来的覆铜板在性能上就有很大差别。

常用覆铜箔板的种类根据覆铜箔板材料的不同可分为四种：酚醛纸质层压板（又称纸铜箔板）、环氧玻璃布层压板、聚四氟乙烯板、三氯氰胺树脂板。

覆铜箔板的选材是一个很重要的工作，选材恰当，既能保证整机质量，又不浪费成本；选材不当，要么白白增加成本，要么牺牲整机性能，因小失大，造成更大的浪费。特别在设计批量印制板时，性能价格比是一个很实际而又很重要的问题。可根据产品的技术要求、工作环境要求、工作频率、结构尺寸、性能价格比选用。

10.1.3　连接

印制电路板只是整机的一个组成部分，必然在印制电路板之间、印制电路板与板外元器件、印制电路板与设备面板之间，都需要电气连接。当然，这些连接引线的总数应尽量少，并根据整机结构选择连接方式，总的原则应该是连接可靠，安装、调试、维修方便，成本低廉。

1. 导线连接

这是一种操作简单，价格低廉且可靠性较高的连接方式，不需要任何接插件，只要用导线将印制板上的对外连接点与板外的元器件或其他部件直接焊牢即可。例如收音机中的喇叭、电池盒等。这种方式的优点是成本低，可靠性高，可以避免因接触不良而造成的故障，缺点是维修不够方便。这种方式一般适用于对外引线较少的场合，如收录机、电视机、小型仪器等。采用导线焊接方式应该注意如下几点。

1）线路板的对外焊点尽可能引到整板的边缘，并按照统一尺寸排列，以利于焊接与维修，如图 10.1.1 所示。

2）为提高导线连接的机械强度，避免因导线受到拉扯将焊盘或印制线条拽掉，应该在印制板上焊点的附近钻孔，让导线从线路板的焊接面穿过通孔，再从元件面插入焊盘孔进行焊接，如图 10.1.2 所示。

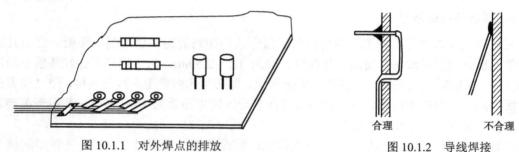

图 10.1.1　对外焊点的排放　　　　　　　　图 10.1.2　导线焊接

3）将导线排列或捆扎整齐，通过线卡或其他紧固件将线与板固定，避免导线因移动而折断，如图 10.1.3 所示。

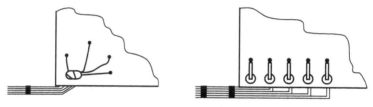

图 10.1.3　导线捆扎

2．插接件连接

在比较复杂的电子仪器设备中，为了安装调试方便，经常采用接插件连接方式。如计算机扩展槽与功能板的连接等。在一台大型设备中，常常有十几块甚至几十块印制电路板。当整机发生故障时，维修人员不必检查到元器件级，只要判断是哪一块板不正常即可立即对其进行更换，以便在最短的时间内排除故障，对于提高设备的利用率十分有效。

典型的有印制板插座和常用插接件，有很多种插接件可以用于印制电路板的对外连接。如插针式接插件、带状电缆接插件已经得到广泛应用。这种连接方式的优点是可保证批量产品的质量，调试、维修方便，缺点是因为接触点多，所以可靠性比较差。

10.2　印制电路板设计

10.2.1　设计要求

对于印制电路板的设计，通常要从正确性、可靠性、工艺性、经济性四个方面进行考虑。制板要求不同，加工复杂程度也就不同。因此，要根据产品的性质，产品所处的研制、试制、生产的阶段，相应制定印制电路板的设计要求。

10.2.2　设计原则

把电子元器件在一给定印制板上合理地排版布局，是设计印制板的第一步。为使整机能够稳定可靠地工作，要对元器件及其连接在印制板上进行合理排版布局。如果排版布局不合理，就有可能出现各种干扰，以致合理的原理方案不能实现，或使整机技术指标下降。一般有以下设计原则：

1．印制板的抗干扰设计原则

干扰现象在整机调试和工作中经常出现，产生的原因是多方面的，除外界因素造成干扰外，印制板布局布线不合理、元器件安装位置不当、屏蔽设计不完备等都可能造成干扰。

2．元器件布局原则

把整个电路按照功能划分成若干个单元电路，按照电信号的流向，依次安排各个功能电路单元在板上的位置，其布局应便于信号流通，并使信号流向尽可能保持一致的方向。通常情况下，信号流向安排成从左到右（左输入、右输出）或从上到下（上输入、下输出）的走向原则。除此之外还应遵循以下几条原则。

1）在保证电性能合理的原则下，元器件应相互平行或垂直排列，在整个板面上应分布均匀、疏密一致。

2）元器件不要布满整个板面，注意板边四周要留有一定余量。余量的大小要根据印制板的面积和固定方式来确定，位于印制电路板边上的元器件，距离印制板的边缘应该大于 2mm。电子仪器内的印制板四周，一般每边都留有 5～10mm 空间。

3）元器件的布设不能上下交叉。相邻的两个元器件之间要保持一定的间距。间距不得过小，避免相互碰接。如果相邻元器件的电位差较高，则应当保持安全距离，如图 10.2.1 所示。安全间隙一般不应小于 0.5mm。一般环境中的间隙安全电压是 200V/mm。

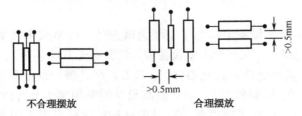

图 10.2.1　元件间安全间隙

4）通常情况下，不论单面板还是双面板，所有元器件应该布设在印制板的一面，并且每个元器件的引出脚要单独占用一个焊盘。

5）元器件的安装高度要尽量低，一般元件体和引线离开板面不要超过 5mm，如图 10.2.2 所示。过高则承受振动和冲击的稳定性变差，容易倒伏或与相邻元器件碰接。

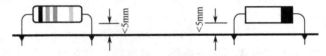

图 10.2.2　元件体和印制板之间距离

6）根据印制板在整机中的安装位置及状态，确定元件的轴线方向。规则排列的元器件，应该使体积较大的元件的轴线方向在整机中处于竖立状态，可提高元器件在板上固定的稳定性。

7）元器件两端焊盘的跨距应该稍大于元件体的轴向尺寸，如图 10.2.3 所示。引线不要齐根弯折，弯脚时应该留出一定的距离（至少 2mm），以免损坏元器件。

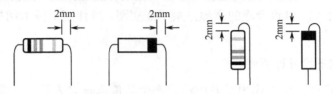

图 10.2.3　元器件引脚弯曲

8）相邻电感元件放置的位置应相互垂直，在高频电路中决不能平行（两耦合电感除外），以防电磁耦合，影响电路的正常工作。

3．印制电路板布线原则

印制导线的形状除要考虑机械因素、电气因素外，还要考虑美观大方，所以在设计印制导线的图形时，应遵循以下原则。

1）同一印制板的导线宽度（除电源线和地线外）最好一致。

2）印制导线应走向平直，不应有急剧的弯曲和尖角，所有弯曲与过渡部分均用圆弧连接。

3）印制导线应尽可能避免有分支，如必须有分支，分支处应圆滑。

4）印制导线应避免长距离平行，对双面布设的印制线不能平行，应交叉布设。

5）如果印制板面需要有大面积的铜箔，例如电路中的接地部分，则整个区域应绕制成栅状，这样在浸焊时能迅速加热，并保证涂锡均匀。此外还能防止板受热变形，防止铜箔翘起和剥落。

6）当导线宽度超过 3mm 时，最好在导线中间开槽成两根并联线。

7）印制导线由于自身可能承受附加的机械应力，以及局部高电压引起的放电现象，因此，尽可能避免出现尖角或锐角拐弯，一般优先选用和避免采用的印制导线形状如图 10.2.4 所示。

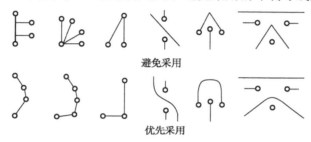

图 10.2.4　印制导线形状

10.2.3　元器件装配

1．安装固定方式

一般元器件在印制板上的安装固定方式有卧式和立式两种，如图 10.2.5 所示。

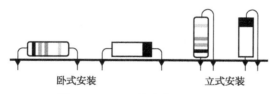

图 10.2.5　元器件安装固定方式

1）立式安装

元器件占用面积小，适用于要求元件排列紧凑的印制板。立式安装的优点是节省印制板的面积；缺点是易倒伏，易造成元器件间的碰撞，抗振能力差，降低整机的可靠性。

2）卧式安装

与立式安装相比，卧式安装具有机械稳定性好、板面排列整齐、抗振性好、安装维修方便及利于布设印制导线等优点。缺点是占用印制板的面积较立式安装多。

2．元器件的排列格式

元器件的排列格式分为不规则和规则两种，如图 10.2.6 所示。这两种方式在印制板上可单独使用，也可同时使用。

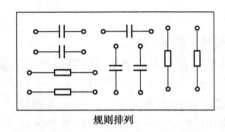
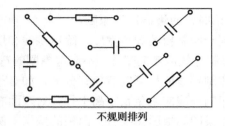

规则排列　　　　　　　　　　　　　　不规则排列

图 10.2.6　元器件排列格式

1）不规则排列

不规则排列特别适合于高频电路。元器件的轴线方向彼此不一致，排列顺序也没有规律。这使得印制导线的布设十分方便，可以缩短、减少元器件的连线，大大降低板面印制导线的总长度。对改善电路板的分布参数、抑制干扰很有好处。

2）规则排列

元器件的轴线方向排列一致，板面美观整齐，装配、焊接、调试、维修方便，被多数非高频电路所采用。

3．元器件的布局

根据元器件的布局原则，也就是印制电路板设计原则中的按对元件的排版位置要求原则，合理地进行元器件在覆铜箔板上的布局。在印制板的排版设计中，元器件布设的成功与否决定了板面的整齐美观程度和印制导线的长短与数量，对整机的可靠性也有一定的影响。

4．印制电路板布线

印制导线的宽度主要由铜箔与绝缘基板之间的粘附强度和流过导体的电流强度来决定。一般情况下，印制导线应尽可能宽一些，这有利于承受电流和方便制造。导线间距等于导线宽度，但不小于 1mm，否则浸焊就有困难。对小型设备，最小导线间距不小于 0.4mm。导线间距与焊接工艺有关，采用浸焊或波峰焊时，间距要大一些，手工焊间距可小一些。

5．焊盘与过孔设计

元器件在印制板上的固定，是靠引线焊接在焊盘上实现的。过孔的作用是连接不同层面的电气连线。

1）焊盘的尺寸

焊盘的尺寸与引线孔、最小孔环宽度等因素有关。应尽量增大焊盘的尺寸，但同时还要考虑布线密度。为保证焊盘与基板连接的可靠性，引线孔钻在焊盘的中心，孔径应比所焊接元器件引线的直径略大一些。元器件引线孔的直径优先采用 0.5mm、0.8mm 和 1.2mm 等尺寸。焊盘圆环宽度在 0.5～1.0mm 的范围内选用。一般双列直插式集成电路的焊盘直径尺寸为 1.5～1.6mm，相邻的焊盘之间可穿过 0.3～0.4mm 宽的印制导线。一般焊盘的环宽不小于 0.3mm，焊盘直径不小于 1.3mm。实际焊盘的大小选用表 10.2.1 推荐的参数。

表 10.2.1　焊盘直径与引线孔径对照

焊盘直径/mm	2	2.5	3.0	3.5	4.0
引线孔径/mm	0.5	0.8/1.0	1.2	1.5	2.0

2）焊盘的形状

根据不同的要求选择不同形状的焊盘。常见的焊盘形状有圆形、方形、椭圆形、岛形和异形等，如图 10.2.7 所示。

图 10.2.7　焊盘形状

圆形焊盘：外径一般为 2～3 倍孔径，孔径大于引线 0.2～0.3mm。

岛形焊盘：焊盘与焊盘间的连线合为一体，犹如水上小岛，故称岛形焊盘。常用于元器件的不规则排列中，其有利于元器件密集固定，并可大量减少印制导线的长度和数量。所以，多用在高频电路中。

其他形式的焊盘都是为了使印制导线从相邻焊盘间经过而将圆形焊盘变形所制，使用时要根据实际情况灵活运用。

3）过孔的选择

孔径尽量小到 0.2mm 以下为好，这样可以提高金属化过孔两面焊盘的连接质量。

10.3　手工制板

印制电路板从单面板、双面板发展到多层板，线条也越来越细，密度越来越高，制造厂家的工艺和设备也不断提高和改进，不少厂家都能制造在 0.2mm 以下的高密度印制板。因目前印制板应用最广、批量最大的还是单、双面板，故这里重点介绍单、双面的制造工艺。

印制电路板设计也称为印制电路板排版设计，在设计中要考虑的最重要的因素是可靠性、良好的性能以及可维护性。这些因素并非印制电路本身固有的，而是通过合理的印制电路板设计、正确地选择制作材料和采用先进的制造技术，才使整个系统具有这些性能的。

10.3.1　基本工序

印制板的制造工艺发展很快，新设备、新工艺相继出现，不同的印制板工艺也有所不同，但不管设备如何更新，产品如何换代，生产流程中的基本工艺环节是相同的。黑白图的绘制与校验、照相制板、图形转移、板腐蚀、孔金属化、金属涂数及喷涂助焊剂、阻焊剂等环节都是必不可少的。

1．设计准备

在设计印制板时，首先应把具体的电路确定下来，确定的原则是：在具有同种功能的典型电路中选择电路简单的、性能优良的；其次是选择适合需要的。如没有合适的电路可选择，也可以自己画出电路原理图。进入设计阶段时我们认为整机结构、电路原理、主要元器件及部件、印制电路板外形及分板、印制板对外连接等内容已基本确定。

2．绘制外形结构草图

印制板草图就是绘制在坐标图纸上的印制板图，一般用铅笔绘制，便于绘制过程中随时调整和涂改。它是印制电路板 PCB 图的依据，是产品设计中的正规资料。草图要求将印制板的外型尺寸、安装结构、焊盘焊孔位置、导线走向均按一定比例绘制出来。

3．印制电路板 PCB 图

可借用计算机进行辅助设计。以前面绘制的草图为依据设计电路原理图，再生成网络表，导入网络表设计 PCB 图。根据 PCB 图进行图形转移，也就是把印制电路图形转移到覆铜板上，从而在铜箔表面形成耐酸性的保护层，具体方法有丝网漏印法、直接感光法和光敏干膜法。

4．腐蚀

腐蚀也称蚀刻，是制造印制电路板必不可少的重要工艺步骤。它利用化学方法去除板上不需要的铜箔，留下焊盘、印制导线及符号等。常用的蚀刻溶液有三氯化铁、酸性氯化铜、碱性氯化铜、硫酸-过氧化氢等。

5．孔金属化

孔金属化是双面板和多层板的孔与孔间、孔与导线间导通的最可靠方法，是印制板质量好坏的关键，它采用将铜沉积在贯通两面导线或焊盘的孔壁上，使原来非金属的孔壁金属化。

孔金属化过程中需经过的环节有钻孔、孔壁处理、化学沉铜和电镀铜加厚。孔壁处理的目的是使孔壁上沉淀一层作为化学沉铜的结晶核心的催化剂金属。化学沉铜的目的是使印制板表面和孔壁产生一薄层附着力差的导电铜层。最后的电镀铜使孔壁加厚并附着牢固。

6．涂助焊剂与阻焊剂

印制板经表面金属涂敷后，根据不同的需要可进行助焊和阻焊处理。

10.3.2　制作过程

1．单面印制电路板手工制作工艺

制作印刷电路板就是在覆铜板铜箔上把需要的部分留下来，把不需要的地方腐蚀掉，剩下的就是我们要的电路了。下面介绍手工热转印法制作单面印制电路板的制作过程，即在电路板计算机辅助设计的基础上进行，根据已设计好的 PCB 图，经过打印、选材、下料、清洁板面、图形转印、腐蚀、清水冲洗、除去保护层、修板、钻孔、涂助焊剂等一系列操作过程，最终完成电路板的手工制作。

1）设计 PCB 图

采用计算机辅助设计，可选用 Protel 制图软件或其他制图软件设计好 PCB 图，如图 10.3.1所示。

2）打印 PCB 图

把设计好的 PCB 图通过激光打印机按照 1∶1 比例打印到转印纸上，如图 10.3.2 所示。

3）选材及下料

根据电路的电气功能和使用的环境条件选取合适的印制板材质，选好一块大小合适的覆铜板，用细纱纸打磨，去掉氧化层，并按实际设计尺寸剪裁覆铜板，并用平板挫刀或砂布将四周打磨平整、光滑去除毛刺，如图 10.3.3 所示。

图 10.3.1　设计 PCB 图

图 10.3.2　打印 PCB 图

4）清洁板面

先将准备加工的覆铜板的铜箔面用水磨砂纸打磨光亮，然后加水清洁，用布将板面擦亮，最后再用干布擦干，如图 10.3.4 所示。

图 10.3.3　选材及下料

图 10.3.4　清洁板面

5）固定图纸和面板

将打印好的 PCB 图剪下来，固定图纸和准备好的覆铜板，可以选用耐高温胶带等物固定，如图 10.3.5 所示。

6）图形转印

把固定好的图和板放入已经预热结束的转印机中，温度调至 150℃～200℃，板在下，图在上放好，通过上下滚轮的加热和挤压，使转印纸上的碳墨粉完全吸附在覆铜板的铜箔上，如图 10.3.6 所示。

图 10.3.5　固定图纸和面板

图 10.3.6　图形转印

7）揭去转印纸

经过转印机来回压几次后，取出固定在一起的转印纸和覆铜板，揭去转印纸，电路图就留在覆铜板上。如果线路不清晰或遗漏，用修改笔将其补充完整，如图10.3.7所示。

8）腐蚀

将处理好的覆铜板放入盛有三氯化铁腐蚀液的腐蚀桶中进行腐蚀。待板面上裸露的铜箔全部腐蚀掉后，立即将覆铜板从腐蚀液中取出，如图10.3.8所示。

图10.3.7　揭去转印纸

图10.3.8　腐蚀

9）清水冲洗

用清水冲洗腐蚀好的覆铜板，并用干净的抹布将其擦干，如图10.3.9所示。

10）除去保护层及修板

用砂纸将腐蚀好的覆铜板打磨干净，露出了闪亮的铜箔，并再一次与原图对照，使导电条边缘平滑无毛刺，焊点圆润。用刻刀修整导电条的边缘和焊盘，如图10.3.10所示。

图10.3.9　清水冲洗

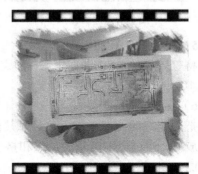

图10.3.10　除去保护层及修板

11）钻孔

用自动打孔机或高速钻床进行打孔。孔一定要钻在焊盘的中心且垂直于板面，保证钻出的孔光洁、无毛刺，如图10.3.11所示。

12）涂助焊剂

将钻好孔的电路板放入5%～10%稀硫酸溶液中浸泡3～5分钟。取出后用清水冲洗，然后将铜箔表面擦至光洁明亮为止。最后将电路板烘烤至烫手时即可喷涂或刷涂助焊剂，助焊剂选用松香酒精溶液，待助焊剂干燥后，就可得到所需要的印制电路电路板，如图10.3.12所示。

图 10.3.11　钻孔　　　　　　　　　　　　　　图 10.3.12　涂助焊剂

2．双面印制电路板简易制作工艺

双面板与单面板的主要区别在于增加了孔金属化工艺，即实现两面印制电路的电气连接。同单面印制电路板简易制作相比，在面板清洁之后就要进行钻孔、化学沉铜、擦去沉铜、电镀铜加厚、堵孔，然后才进入图形转移等操作。

3．多层印制电路板简易制作工艺

多层印制电路板是由交替的导电图形层及绝缘材料层粘合而成的一块印制电路板。导电图形的层数在两层以上，层间电气互连是通过金属化孔实现的。多层印制板一般用环氧玻璃布层压板，是印制板中的高科技产品，其生产技术是印制板工业中最有影响和最具生命力的技术，它广泛使用于军用电子设备中。

第11章 Protel 应用

随着电子产品的"智能"化程度日趋完善，电路的集成度越来越高，然而产品的更新周期却越来越短，这都得益于电子产品技术和计算机技术的不断发展。电子产品的设计和制造已与计算机紧密相连，使得人们可以在微机上使用电子设计自动化（Electronic Design Automatic，EDA）/（Computer Aided Design，CAD）软件辅助设计，制造电路板印制电路板（Printed Circuit Board，PCB）。制造印制电路板首先通过计算机软件生成原理图，再生成 PCB 图，最后进行生产制造。当前在电子行业使用的电子设计自动化软件主要有 Protel 和 Altium Designer 系列版本的软件，本章介绍 Protel 99SE 软件。

11.1 Protel 99SE 系统简介

11.1.1 Protel 99SE 特点

Protel 99SE 主要由原理图设计系统（Advanced Schematic）和印制电路板设计系统（Advanced PCB）组成，其中原理图设计系统包括原理图设计、原理图器件库设计、原理图网络表生成、电路仿真等；印制电路板设计系统包括印刷电路板设计、电路板器件库设计和电路板反向编译和电路板 3D 仿真等。其各模块的功能特点如下：

1．Protel 99SE 独有的 Explorer 使得设计人员可以在多个任务间方便地切换，以便资源共享，轻松复制文件，充分利用 Windows 的资源和特性。

2．在 Schematic 99SE 中用户可以轻松、高效地设计原理图。复杂的电气设备、原理图一般有多张，每个设计人员可以简单地设计自己的部分，再由主管人员对所有的设计进行汇总，这样大大加快了大型设计的开发速度。

3．以"规则驱动"为核心，用户设定好规则后，在以后的设计中，软件能自动根据用户设定的规则进行调整，能方便地设计出完美的 PCB 产品。

4．在用户确定好一 PCB 的布局后，自动布线能在几分钟内完成并检查，即使是非常复杂的电路板，软件也能在十几分钟内完成电路板的设计和最后产品的检查操作。这都得益于 Protel 99SE 中的 Route 99SE 无网格自动布线器。

5．Protel 99SE 采用 C/S（Client/Server）工作模式，设计人员可以将任何符合服务器程序的第三方软件集成在一起，甚至可以挂接其他公司出品的程序，而设计人员仅仅需要关注自己使用的客户环境。

11.1.2 Protel 99SE 界面

1．启动界面

设计人员启动 Protel 99SE 软件，软件启动时，显示如图 11.1.1 所示界面。启动界面上会显示 Protel 99SE 软件的版本号。

图 11.1.1　Protel 99SE（第 2 版）启动界面

2．设计管理器界面

如果用户第一次使用，或上次使用后，关闭了所有用户文件才关闭 Protel 99SE 时，启动后未打开任何用户文件，启动完成后的界面如图 11.1.2 所示，这就是设计管理器界面。该窗口只有基本菜单栏 File、View、Help，简单工具栏，Protel 99SE 的资源管理器 Explorer 和状态栏。

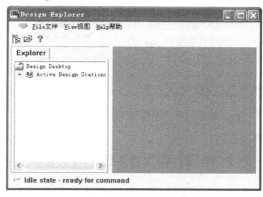

图 11.1.2　Protel 99SE（第 2 版）设计管理器界面

3．数据库设计界面

从上一界面新建数据库便进入了数据库设计界面，如图 11.1.3 所示。该界面比上一界面多了两个菜单，Edit 编辑菜单和 Window 窗口菜单。这些菜单和工具栏内容都是为设计数据库服务的。

图 11.1.3　数据库设计界面

4．各类文件编辑器界面

在设计好的空 Protel 99SE 数据库文件中我们可以新建原理图、元件库、PCB 图、封装库等文件，打开相应的设计编辑器界面。下面显示几种经常用到的界面。

1）原理图设计编辑器界面

如图 11.1.4 所示为一个原理图设计编辑器界面，其中包括菜单栏、工具栏、资源管理器（Explorer）和设计区域。

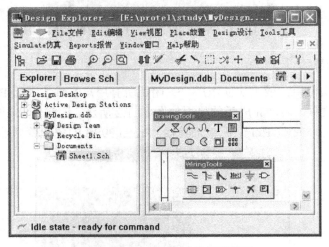

图 11.1.4　原理图设计编辑器界面

2）PCB 设计编辑器界面

如图 11.1.5 所示为一个 PCB 设计编辑器界面，其中包括菜单栏、工具栏、资源管理器（Explorer）和设计区域。

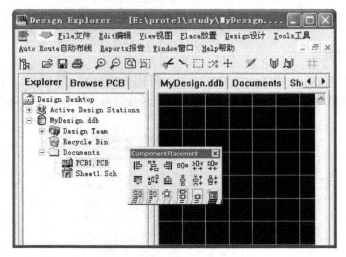

图 11.1.5　PCB 设计编辑器界面

3）元件库设计编辑器界面

如图 11.1.6 所示为一个 PCB 设计编辑器界面，其中包括菜单栏、工具栏、资源管理器（Explorer）和设计区域。

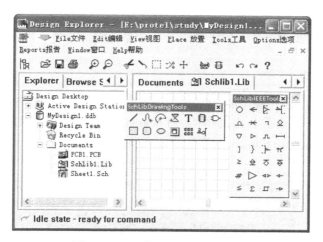

图 11.1.6　元件库设计编辑器界面

4）封装库设计编辑器界面

如图 11.1.7 所示为一个 PCB 设计编辑器界面，其中包括菜单栏、工具栏、资源管理器（Explorer）和设计区域。

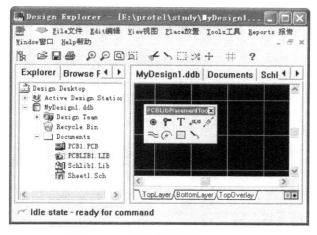

图 11.1.7　封装库设计编辑器界面

11.2　Protel 应用

11.2.1　整体设计步骤

要设计好的印制电路板，用 Protel 99SE 绘制时，整体设计思想应该是先设计好原理图，再生成网络表，最后设计 PCB 图，如图 11.2.1 所示。

图 11.2.1　整体设计步骤

11.2.2 原理图设计步骤

1. 新建数据库文件

启动 Protel 99SE，打开设计管理器界面，执行"File"（文件）菜单下"New"命令，打开新建文件项目对话框，如图 11.2.2 所示。"Location"选项卡中的"Design Storage Type"表示选择项目类型，"Database File Name"表示定义项目名称，"Database Loaction"表示选择项目文件保存位置。

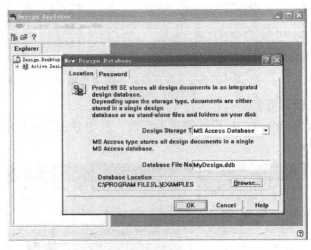

图 11.2.2　新建数据库对话框

单击"OK"按钮后，出现设计管理器，如图 11.2.3 所示。

图 11.2.3　设计管理器

2. 新建原理图文件，打开原理图设计编辑器

进入项目文件后，双击"Documents"图标，执行"File"（文件）菜单下的"New"命令，弹出"New Documents"对话框。双击"Documents"选项卡中的"Schematic Document"项后，单击"OK"按钮便可创建原理图 Sheet1.sch 文件，如图 11.2.4 所示。双击"Sheet1.sch"图标，进入原理图设计编辑器界面。

图 11.2.4　新建文件对话框

3．导入器件库

用户建立自己的文件时，软件会根据上次的使用情况加载器件库，Protel 99SE 中经常会对器件库进行修改。Protel 99SE 有专门的"管理器"，如图 11.2.5 所示，选择管理器中的"Browse Sch"选项卡，在"Browse"下拉菜单中选择"Libraries"，然后单击"Add/Remove…"按钮进入添加/移除器件库对话框，如图 11.2.6 所示。

图 11.2.5　元件库显示窗体　　　　　　图 11.2.6　添加/移除器件库对话框

因为 Protel 99SE 中准备了大量的器件，使得对器件库的选择比较复杂。设计人员一定要对所需的器件有所了解，不要盲目地打开所有的器件库。若器件库打开太多，可能会带来不必要的麻烦。有一个通用的器件库，在一般的设计中经常使用，这就是 Protel DOS Schematic Libraries，在打开的添加/移出器件库对话框中选择该文件，单击"Add"按钮，文件便被添加到已选择文件区，单击"OK"按钮后，对话框关闭，返回到原理图编辑状态。

4．放置器件

放置器件可通过三种方式：

1）在 Digital Objects 数字器件实体工具栏中选择放置

对于常用的器件，Protel 99SE 都把它们放在了 Digital Objects 数字器件实体工具栏中。可在"View"菜单中选择"Toolbars"，再选择"Digital Objects"打开。

2）在管理器中选择放置

在管理器中选择好器件，然后单击"Place"按钮，将光标移动到编辑区后，单击鼠标即可放置一个器件，并可以连续放置。这种放置方式是最常用的，综合性能最好。

3）在观察对话框中选择放置

单击管理器中的"Browse"按钮，打开"Browse Libraries"对话框。在"Libraries"下拉菜单中选择器件库，在"Components"的"Mask"栏中定义需要查找的器件，在器件列表栏中选择器件，单击"Place"按钮放置器件。

5．编辑器件

在放置器件的过程中，设计人员可以通过键盘的操作，使器件放置的方向满足设计的要求。按"空格键"，器件逆时针旋转，每次转 90°；按"X"键，器件左右翻转；按"Y"键，器件上下翻转；按"Tab"键，跳转到设置状态，打开"Part"对话框，如图 11.2.7 所示。

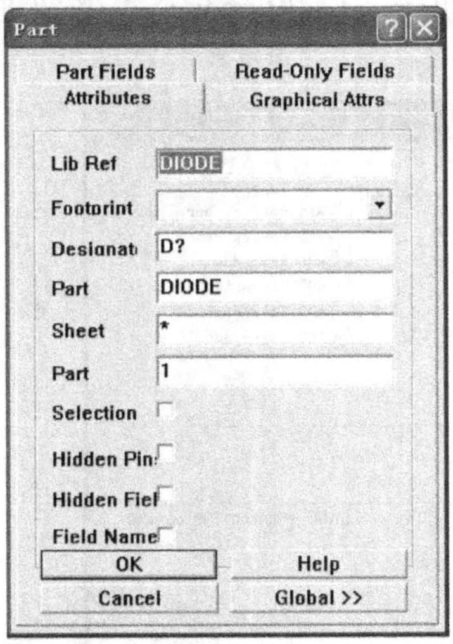

在"Attributes"选项卡中设置器件属性，其中设置项含义如下：

Lib Ref：器件库中的器件名称；

Footprint：器件封装；

Designator：器件标注编号；

Part Type：在原理图中的器件参数，默认时和器件库中的器件名称一样；

Sheet Path：图纸器件属性中，定义底层图纸的路径；

Part：多器件芯片的器件序号；

Setection：定义器件处于选取状态；

Hidden Pins：显示隐藏的器件引脚；

Hidden Fields：显示隐藏的器件数据栏；

Field Name：显示隐藏的器件数据栏名称。

图 11.2.7 "Part"对话框

"Attributes"选项卡中"Global"按钮是属性设置对话框展开按钮。"Global"按钮的功能是在编辑当前器件属性的同时，也修改其他器件的属性。但这些修改对哪些器件有效，修改这些器件的哪些属性，需要通过设置来定义。展开页面有以下三个部分：

1）Attributes to Match By 区域

其用于设定修改属性对象的选择条件。当对象符合这些条件时，其属性才会被修改。可以使用通配符，其中"*"的项目需要输入选择条件，若没有给定条件，则认为所有选择条件都是符合的。下拉列表框中各项含义如下：

Any：表示该项目是无条件满足的；

Same：表示该项目必须相同才满足选择条件；

Different：表示该项目不相同时才满足选择条件。

2）Copy Attributes 区域

其功能是设定要对应修改的属性，即将现修改对象的那些属性复制给符合条件的对象。其中大括号中的内容需要输入，使用等价关系式进行修改。

3）Change Scope 区域

其作用是指定修改属性适用的范围。该区域中的下拉列表框内容如下：

Change This Item Only：指定属性修改的范围仅仅是现修改器件；

Change Matching Item In Current Document：指定属性修改的范围为当前文件；

Change Matching Item In All Documents：指定属性修改的范围为所有文件。

6．连接线路

连接线路有两种方式：一种是直接连接，简单电路通常使用这种连接方式；另一种是网络标号连接，复杂电路基本采用网络标号的连接方式。

在"Place"（放置）菜单中执行"Wire"（连线）命令，当光标靠近器件引脚时会自动出现连接接点，单击鼠标进入连线。当光标移动到另一引脚时连线再出现连接的接点，单击鼠标完成连线。右击鼠标，退出当前的连线操作，但仅仅退出了当前的线路连接，并没有完全退出连线状态，当确定不需要再连线时，再次右击鼠标，完全退出连线状态。

在设计电路的原理图编辑过程中，不可避免地有"十"字交叉的情况，有些交叉点需要连接，而有的不能连接。按 IEEE 标准和我国的国家标准（与旧的国家标准不同），交叉点上没有接点的为没有连接关系，有连接关系时，必须打上接点，在 Protel 99SE 中会自动给予提示。当需要交叉点时，连线光标移动过另一根连线出现需要连接的交叉点，单击鼠标生成接点。

7．电气规则检查

通过执行"Tools"菜单中的"ERC"命令打开 ERC 检查设置对话框，如图 11.2.8 所示，对电路图设计过程中的有关电气规则进行检查，如果在画图的过程中有电气规则方面的错误，错误提示会显示在生成的 ERC 文件中。

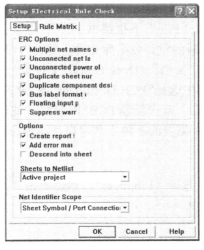

图 11.2.8　ERC 检查设置对话框

8．保存及输出

完成印制电路板布线后，保存完成的 PCB 图文件。然后利用图形输出设备，如打印机输出印制电路板的各项信息。

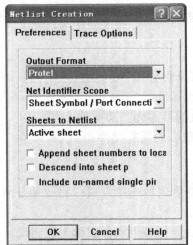

图 11.2.9　网络表设置对话框

9．生成网络表

网络表是 Protel 99SE 中原理图与印制电路板间的桥梁。

在"Design"（设计）菜单下执行"Create Netlist…"命令，打开网络表设置对话框，如图 11.2.9 所示，该对话框有两个设置部分："Preferences"（参数设置）和"Trace Options"（踪迹报告项），常用的是 Protel 的格式。

在网络表中主要有两个内容：使用的器件和器件间的连接关系。器件的定义用方括号"[ ]"说明，一对方括号是一个器件的所有定义，包括名称、参数、封装等；器件间的连接关系用圆括号"（）"说明，一对圆括号定义一个电气连接关系，当原理图文件中有网络标号时，该连接使用该网络标号作连接名称，对没有使用网络连接的关系，软件自动定义连接名称。器件的定义分别为器件标号和器件引脚号。

11.2.3　PCB 图设计步骤

在学习设计制作 PCB 前，我们先对印制电路板设计步骤有一个认识，印制电路板设计的一般步骤如下：

1．准备网络表

这是印制电路扳设计的先期工作，主要完成电路原理图的绘制及指定各元件的封装，生成网络表。有时候我们可以不进行此步，而直接设计 PCB 图，这样就要在新 PCB 图中打开 PCB 设计编辑器后加载 PCB 封装库。

2．新建 PCB 图

进入 Protet 99SE 系统，从"File"下拉菜单中打开一已存在的设计数据库文件，或执行"File"/"New"菜单命令建立新的设计数据库文件，并进入设计管理器。进入设计管理器后，选中进入设计管理器窗口中的"文档"（Documents）文件夹，执行"File"/"New"命令，在显示的"New Document"对话框中选择"PCB Document"图，单击"OK"按钮便可新建 PCB1.PCB 文件，可以对此文件右击重命名。双击新建 PCB1.PCB 文件的图标，便可以启动 PCB 编辑器。启动 PCB 编辑器后，设计 PCB 需要的各种工具将自动添加在菜单栏中。

3．导入封装库

在"Browse"下拉菜单中选择"Libraries"，然后单击"Add/Remove…"按钮进入添加/移除器件库对话框，如图 11.2.10 所示。

4．设置参数

设置参数包括设置元件的布局参数、板层参数和布线参数等，如图 11.2.11 和图 11.2.12

所示。一般来说,有些使用默认值即可。这些参数在第一次设置后几乎无须再修改。

图 11.2.10　添加/移除器件库对话框

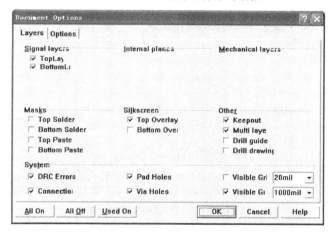

图 11.2.11　PCB 图文档设置对话框

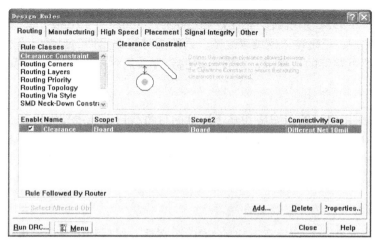

图 11.2.12　PCB 图设计规则设置对话框

5．画边线区域

在 Keep out layer 层上画出禁止布线的区域，一般可认为此区域就是电路板大小的区域。

6．导入网络表

网络表是自动布线的灵魂，也是电路原理图设计系统与印制电路板设计系统的接口。因此这一步也是非常重要的环节。只有正确装入网络表之后，用户方可进行 PCB 设计的后序流程。在 PCB 设计编辑器中执行"Design"/"Netlist"命令，打开导入网络表对话框，如图 11.2.13 所示。单击"Browse..."按钮，选择导入已经生成好的网络表文件，检查没有错误后执行。

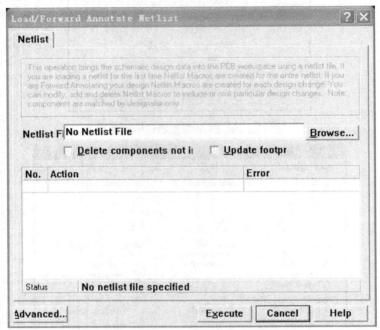

图 11.2.13　导入网络表对话框

7．布局

布局可由 Protel 99SE 系统自动完成，通过执行"Tools"/"Auto Place"命令自动布局；也可由用户自行完成。正确装入网络表之后，系统同时装入元件的封装，通过元件的布局将元件布置在规划好的电路板的边界内，只有合理的元件布局才能保证布线的成功率为100%。

8．布线

Protel 99SE 采用先进的无网格和基于形状的对角线自动布线技术，在合理设置有关参数并布局的前提下，Protet 99SE 自动布线的成功率完全可以达到100%。执行"Auto Rotue"/"All"命令自动布线。自动布线结束后，往往会存在不满意的地方，需要用户手工调整补线。只有手工调整和自动布线相结合，在元件合理布局的基础下，才能设计出完美的 PCB 图。

9．保存及输出

完成印制电路板布线后，保存完成的 PCB 图文件。然后利用图形输出设备，如打印机输出印制电路板的各项信息。

11.3 设计实例

下面以设计简单电源印制电路板为例，讲述设计过程。

1．新建数据库

启动 Protel 99SE 打开设计管理器界面，执行"File"（文件）菜单下"New"命令，打开新建文件项目对话框，如图 11.3.1 所示。在"Location"选项卡中的"Design Storage Type"表示选择库类型，"Database File Name"表示定义项目名称，"Database Loaction"表示选择项目文件保存位置。

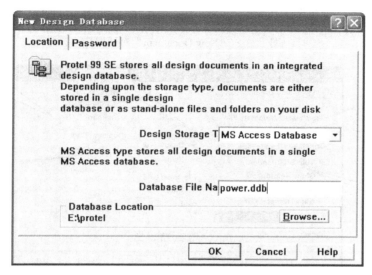

图 11.3.1　新建数据库对话框

我们分别选择"MS Access Database"库类型，数据库命名为"power.ddb"，最后选择文件保存位置"E:\protel"。单击"OK"按钮进入数据库设计界面。

2．原理图设计

按照原理图设计步骤进行原理图设计。

1）新建原理图

在数据库设计界面中首先双击打开"Documents"文件，要新建的原理图将保存在这里。然后执行"File"\"New"命令，弹出"New Document"对话框，如图 11.3.2 所示。

选择"Schematic Document"图标，单击"OK"按钮默认新建原理图文件"Sheet1.Sch"。我们进行重命名，在此文件上单击右键选择"Rename"，重命名为"power.Sch"。然后双击此文件进入原理图设计编辑器。

2）文档设置

在绘制原理图之前要进行相应的原理图文档设置。执行菜单"Design"/"Options"命令，打开文档设置对话框，如图 11.3.3 所示。

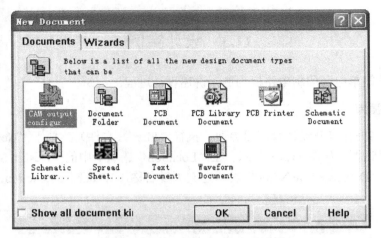

图 11.3.2 "New Document" 对话框

图 11.3.3 原理图文档设置对话框

图纸大小为"A4"，图纸方向为"Landscape"（水平方向），图纸标题栏为"Standard"（标准型），鼠标移动最小距离为"10"，显示网格大小为"10"，单位为"mil"（英寸）。

设置好自己需要的环境之后就单击"OK"按钮，回到原理图设计编辑器界面，进入下一步。

图 11.3.4 元件选择对话框

3）装入元件库

默认的元件库为"Miscellaneous Devices.ddb"，如果需要新的元件库，单击左侧的"Add/Remove"按钮，打开添加元件库对话框。

在弹出的对话框中选择"Design explorer"/"Library"/"Sch"路径中的库文件"Miscellaneous Devices"，双击鼠标左键或单击"Add"按钮，将文件加入到"Select"/"File"框中。

4）放置元件

做好元件库准备之后，下面就要在选择的元件库中，再选择元件，并放置元件。选择好元件后，按下"Place"按钮，如图 11.3.4 所示。

此时鼠标上有元件，如图 11.3.5 所示。移动到原理图上的正确位置，单击放置，右击退出放置。

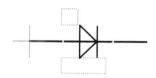

图 11.3.5　二极管元件标示

在放置过程中因为元件摆放位置方向的不同，需要借助键盘配合摆放和移动。以下为一些常用键的说明：

◆ 选择元件后单击放置元件。

◆ 放置好元件后右击退出放置元件状态。

◆ 鼠标移动当中配合"Space"键进行元件逆时针 90°翻转。

◆ 鼠标移动当中配合"X"键进行元件 X 轴翻转。

◆ 鼠标移动当中配合"Y"键进行元件 Y 轴翻转。

◆ 单击放置好的元件，四周出现虚线框后，按"delete"键进行元件删除。

◆ 单击放置好的元件两次（不同于双击），元件粘在鼠标上，或者单击放置好的元件不放进行元件拖拽。

◆ 鼠标移动当中配合"Tab"键打开元件属性对话框进行属性设置。

◆ 按"PageUp"键进行屏幕放大。

◆ 按"PageDown"键进行屏幕缩小。

◆ 按"Home"键进行屏幕居中。

◆ 按"End"键进行屏幕刷新。

依此类推，逐一放置元件，并调整元件位置。放置好的元件图形如图 11.3.6 所示。

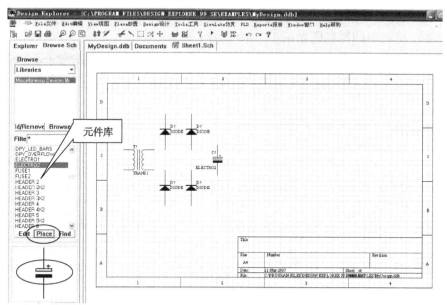

图 11.3.6　放置元件

5）编辑元件

元件属性可以在放置元件的过程中设置，也可以放置完元件后设置。放置完元件后可双击元件打开元件属性对话框。例如设置某一电阻的属性：

型号：RES2

封装：AXIAL0.4

图 11.3.7 设置电阻属性

序号：R1

参数：100kΩ

设置好后电阻的属性如图 11.3.7 所示。

6）连接线路

放置完元件后开始连线，执行菜单中"Place"/"Wire"命令或"WiringTools"工具栏中"PlaceWire"命令，如图 11.3.8 中第一项。将十字光标移动到连线起点，若有元件引脚，则出现大黑点单击左键开始，移动鼠标到达另一端再单击完成本段画线，移动鼠标到另一起点开始新的连线。右击退出画线模式。

连线时在"T"字型处自动出现节点，"十"字交叉处没有接点。

执行"DrawingTools"工具栏中的"PlaceAnnotation"命令（"T"型图标），书写文本，如图 11.3.9 所示。

图 11.3.8 画线工具栏

图 11.3.9 画图工具栏

在设计比较复杂的电路时，会用到网络标号，它有实际的电气连接意义，可以把不同的导线标志成相同的含义，这样便于长距离、多层次设计。执行"WiringTools"工具栏中的"PlaceNetLabel"命令可以放置网络标号。

连线完毕，绘制出的原理图如图 11.3.10 所示。

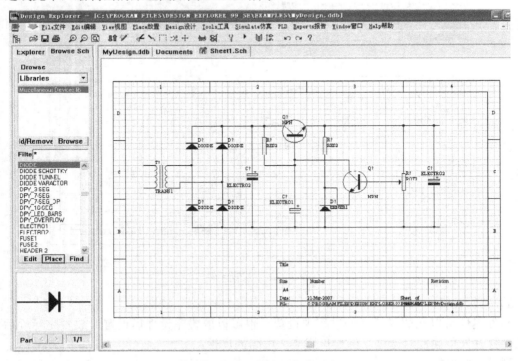

图 11.3.10 设计好的原理图

7）ERC 检查

连线完毕后就是连线错误检查，执行菜单"Tools"/"ERC"命令，打开 ERC 设置对话框，设置好参数后便可进行错误检查。系统会自动进行错误检查，并生成"power.ERC"文件。可根据生成的错误报告进行相应的原理图修改。

8）打印输出

如果想打印，可以设定打印机后打印输出原理图。

3．生成网络表

完成原理图后，紧接着就要生成原理图网络表。要生成网络表，就要告诉 PCB 图本电路使用的元件、连接方法等。此时需要对原理图做后期检查，即对元件的属性设置进行序号、封装、参数等检查，尤其是封装的检查。封装就是实际的元件的尺寸大小、安装形式等，这个要和 PCB 库中完全相符。

全部检查设置完成后，执行菜单"Design"/"Create Netlist"命令，弹出网络表设置对话框设置参数，一般选默认值，参数设置后单击"OK"按钮，系统会自动生成"power.NET"文件。这就是原理图的网络表，所有的元件信息和网络都在这个文件中体现出来了，后面用作 PCB 图绘制使用。

4．PCB 图设计

准备好了网络表，下面就进入 PCB 图的设计环节。按照前面讲的 PCB 图设计步骤继续进行实例 PCB 图的设计。

1）新建 PCB 图

在数据库设计界面中首先双击打开"Documents"文件，新建的 PCB 图将保存在这里。执行菜单"File"/"New"命令，弹出"New Document"对话框。选择"PCB Document"图标，单击"OK"按钮默认新建 PCB 图文件"PCB1.PCB"。进行重命名，在此文件右击选择"Rename"，重命名为"power.PCB"。然后双击此文件进入 PCB 图设计编辑器。

2）导入封装库

导入封装库，默认的封装库为"PCB FootPrints.lib"，如图 11.3.11 所示。

因为在做原理图时所填写的所有元件类型都包含在"PCB FootPrints.lib"这样一个默认库中，所以不需要进行封装库的加入。如果所需的元件封装型号在"PCB FootPrints.lib"库中没有，就需要添加新的封装库。此时单击"Add/Remove…"按钮打开封装库选择对话框，进行选择添加，单击"Add"按钮；如果有想删除的库，也可以在此对话框中进行移除，单击"Remove"按钮。最后单击"OK"按钮返回 PCB 图设计编辑器。

图 11.3.11　封装库显示窗体

3）参数设置

下面进行电路板的规划。设置参数包括设置元件的布局参数、板层参数和布线参数等。可分别在编辑区右击，执行"Options"/"Layers…"命令打开层设置对话框，进行印制电路板层设置；执行菜单"Design"/"Rules"命令，进行布局参数和布线等相关参数设置。包括导线、导孔的安全间距、转角方式、布线层的设置等。还可以在菜单"Tools"/"preferences"

命令中设置光标、板层颜色、系统默认设置、PCB 设置等。在本实例设计中，以上设置均采用默认属性。

图 11.3.12 "PlacementTools"
工具栏

4）绘制禁止布线区域

定义印制板边框尺寸，画出 PCB 板的区域。编辑区下方的书签标志出当层，单击"Keepoutlayer"（禁止布线层），再单击"PlacementTools"工具栏，如图 11.3.12 所示。

选择放置工具栏中的"画线符号"，执行画线命令，光标变成十字型，就可以开始画线了。十字光标移动到 X：5mm，Y：5mm 单击，再将十字光标移动到坐标点 X：75mm，Y：5mm 双击，再将十字光标移动到到坐标点 X：75mm，Y：75mm 双击，最后将十字光标移动到 X：5mm，Y：75mm 双击，右击退出画线，这样就完成了一个长宽为 70mm×50mm 的封闭边框。

5）导入网络表

边框画完后就要从原理图网络表中调入元件了，执行菜单"Design"/"Netlist…"命令，打开导入网络表对话框，单击"Browse"按钮选择调入生成的网络表"power.NET"。检查有无错误，如果有错要进行网络表的修改，返回原理图，修改后重新生成网络表，重新导入，反复检查直到没有错误为止。如果没有错误，直接单击"Execute"按钮自动完成元件放置。

6）布局

自动导入的元件一开始是重叠在一起的，需要用自动布局进行位置调整。执行菜单"Tools"/"Auto Place"命令进行布局。因为元件特性、美观等因素，自动布局后还要手工调整布局，直到满意为止。其中细细的引线叫做飞线，用于关联元件焊盘是否相联。

7）布线

做好布局调整后，进入自动布线。执行菜单"Auto Route"/"All"命令开始自动布线，布线通过率达到100%，完成 PCB 图的设计。如果自动布线通过率不到100%，则说明有的元件摆放不合理或电路板太小，需要重新更正。

一般自动布线不能完美达到要求，需要手工布线。对于实例中的单面板，将线布在 Bottom 层上。用画线工具根据飞线进行手工布线。布线完成后的 PCB 图如图 11.3.13 所示。

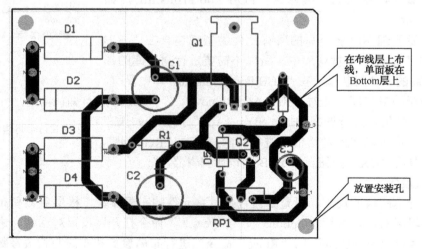

图 11.3.13 最终"power.PCB"图

第12章　电子电路调试

12.1　电子电路调试方法

12.1.1　电子电路调试概述

在众多电子产品中，由于其包含的元器件性能参数具有很大的离散性、电路设计的近似性，再加上生产过程中的不确定性，使得装配完成的产品在性能方面有较大的差异，通常达不到设计规定的功能和性能指标，这就成为整机在装配完毕后必须进行调试的原因。

电子电路调试技术包括调整和测试两部分。调整主要是对电路参数的调整，如对电阻、电容和电感等以及机械部分进行调整，使电路达到预定的功能和性能要求；测试主要是对电路的各项技术指标和功能测量和试验，并同设计的性能指标进行比较，以确定电路是否合格。电路测试是电路调整的依据，又是检验结论的判断依据。实际上，电子产品的调整和测试是同时进行的，要经过反复地调整和测试，产品的性能才能达到预期的目标。

12.1.2　常用调试仪器

在电子电路调试过程中一般会用到以下几种仪器：

1．万用表

万用表可以测量交、直流电压，交、直流电流，电阻值，还常用于判断二极管、稳压管、晶体管和电容的好坏与引脚。

2．稳压电源

稳压电源可以输出稳定的直流电压，通常用它给收音机提供稳定的 3V 直流电压。

3．信号发生器

信号发生器可在调试过程中提供所需的波形信号，如正弦波、三角波、方波及单脉冲波调制信号等，以测试电路的工作情况。

4．示波器

示波器是调试中不可缺少的仪器。用于观察与测量电路各点波形幅度、宽度、频率及相位等动态参数。示波器的主要特点是灵敏度高，交流输入阻抗高，但测量精度一般较低。在电子电路调试中，最好选用双踪示波器，便于对两个信号波形和相位进行比较。所选用示波器的频带必须大于被测信号的频率，否则，被观察的波形会严重失真。

12.1.3　调试方法

电子电路调试方法有两种：分块调试和整体调试。

1．分块调试

分块调试是把总体电路按功能分成若干个模块，对每个模块分别进行调试。模块的调试顺序最好是按信号的流向，一块一块地进行，逐步扩大调试范围，最后完成总调。

实施分块调试法有两种方式，一种是边安装边调试，即按信号流向组装一模块就调试一模块，然后再继续组装其他模块。另一种是总体电路一次组装完毕后，再分块调试。

用分块调试法调试，问题出现的范围小，可及时发现，易于解决。所以，此种方法适于新设计电路和课程设计。

2．整体调试

此种方法是把整个电路组装完毕后，实行一次性总调。它只适于不进行分块调试定型产品或某些需要相互配合、不能分块调试的产品。

不论是分块调试还是整体调试，调试的内容应包括静态调试与动态调试两部分。静态调试一般是指在没有外加输入信号的条件下，测试电路各点的电位，比如测试模拟电路的静态工作点，数字电路各输入和输出的高、低电平和逻辑关系等。动态调试包括调试信号幅值、波形、相位关系、频率、放大倍数及时序逻辑关系等。

值得指出的是，如果一个电路中包括模拟电路、数字电路和微机系统三个部分，由于它们对输入信号的要求各不相同，故一般不允许直接连调和总调，而应分三部分分别进行调试后，再进行整机联调。

12.1.4　调试步骤

不论是采用分块调试还是整体调试，通常电子电路的调试步骤如下：

1．检查电路

任何组装好的电子电路，在通电调试之前，必须认真检查电路连线是否有错误。对照电路图，按一定的顺序逐级对应检查。

特别要注意检查电源是否接错，电源与地是否有短路，二极管方向和电解电容的极性是否接反，集成电路和三极管的引脚是否接错，轻轻拔一拔元器件，观察焊点是否牢固等。

2．通电观察

一定要调试好所需要的电源电压数值，并确定电路板电源端无短路现象后，才能给电路接通电源。电源一经接通，不要急于用仪器观测波形和数据，而是要观察是否有异常现象，如冒烟、异常气味、放电的声光、元器件发烫等。如果有，不要惊慌失措，而应立即关断电源，待排除故障后方可重新接通电源。然后再测量每个集成块的电源引脚电压是否正常，以确信集成电路是否已通电工作。

3．静态调试

先不加输入信号，测量各级直流工作电压和电流是否正常。直流电压的测试非常方便，可直接测量。而电流的测量就不太方便，通常采用两种方法来测量。若电路在印制电路板上留有测试用的中断点，可串入电流表直接测量出电流的数值，然后再用焊锡连接好。若没有测试孔，则可测量直流电压，再根据电阻值大小计算出直流电流。一般对晶体管和集成电路进行静态工作点调试。

4．动态调试

加上输入信号，观测电路输出信号是否符合要求。也就是调整电路的交流通路元件，如电容、电感等，使电路相关点的交流信号的波形、幅度、频率等参数达到设计要求。若输入信号为周期性的变化信号，可用示波器观测输出信号。当采用分块调试时，除输入级采用外加输入信号外，其他各级的输入信号应采用前输出信号。对于模拟电路，则观测输出波形是否符合要求。对于数字电路，则观测输出信号波形、幅值、脉冲宽度、相位及动态逻辑关系是否符合要求。在数字电路调试中，常常希望电路状态发生一次性变化，而不是周期性的变化。因此，输入信号应为单阶跃信号（又称开关信号），用以观察电路状态变化的逻辑关系。

5．指标测试

电子电路经静态和动态调试正常之后，便可对课题要求的技术指标进行测量。测试并记录测试数据，对测试数据进行分析，最后作出测试结论，以确定电路的技术指标是否符合设计要求。如有不符，则应仔细检查问题所在，一般是对某些元件参数加以调整和改变，若仍达不到要求，则应对某部分电路进行修改，甚至要对整个电路重新加以修改。因此，要求在设计的全过程中，要认真、细致，考虑问题要周全。尽管如此，出现局部返工是难免的。

12.1.5　故障排除

在电子电路调试过程中会遇到调试失败，出现电路故障的情况。可以通过观察对电路故障进行查找。通常有不通电和通电两种观察方式。对于新安装的电路，一般先进行不通电观察，主要借助万用表检查元器件、连线、接触不良等情况。若未发现问题，可通电检查电路有无打火、冒烟、元器件过热、焦臭味等现象，此时注意力一定要集中，一旦发现异常现象，应马上关断电源并记住故障点，并对故障进行及时排除。常用的故障排除方法如下：

1．直观检查法

这是一种只靠检修人员的直观感觉，不用有关仪器来发现故障的方法。如观察元器件和连线有无脱焊、短路、烧焦等现象；触摸元器件是否发烫；调节有关开关、旋钮是否能够正常使用等。

2．参数测量法

用万用表检测电路的各级直流电压、电流值，并与正常理论值（图纸上的标定值或正常产品工作时的实测值）进行比较，从而发现故障。这是检修时最有效可行的一种方法。如测整机电流，若过大说明有短路性故障；反之，则有开路性故障。进一步测各部分单元电压或电源可查出哪一级电路不正常，从而找到故障的部位。

3．电阻测量法

这种方法是在切断电源后，再用万用表的欧姆挡测电路某两点间的电阻，从而检查出电路的通断。如检查开关触点是否接触良好、线圈内部是否断路、电容是否漏电、管子是否击穿等。

4．信号寻迹法

信号寻迹法常用于检查放大级电路。用信号发生器对被检查电路输入一频率、幅度合适的信号，用示波器从前往后逐级观测各级信号波形是否正常或有无波形输出，从而发现故障的部位。

5．替代法

通过以上故障现象的分析，用好的元器件替代被怀疑有问题的元器件来发现并排除故障。若故障消失，说明被怀疑的元器件的确坏了，同时故障也排除了。

6．短接旁路法

短路旁路法适用于检查交流信号传输过程中的电路故障，若短接后电路正常了，说明故障在中间连线或插接环节，主要用于检查自激振荡及各种杂音的故障现象。将一电容（中、高频部分用小电容，低频部分用大电容）一端接地，一端由后向前逐级并接到各测试点，使该点对地交流短路。若测到哪一点时，故障消失，说明故障部位就在这一点的前一级电路。

7．电路分割法

有时一个故障现象牵连电路较多而难以找到故障点，这时，可把有牵连的各部分电路逐步分割，缩小故障的检查范围，逐步逼近故障点。

12.2　HX108-2 AM 收音机安装与调试

12.2.1　无线电广播概述

1．声音

声音是由物体的机械振动产生的，能发声的物体叫做声源。声源振动的频率有高、有低，这里所说的频率指的是声源每秒振动的次数。人耳能听到的声音频率范围为 20Hz～20kHz，通常把这一范围的频率，叫作音频，有时也称为声频。

在声波传播的过程中，由于空气的阻尼作用，声音的大小将随着传播距离的增大而减小，所以声音不能直接向很远的地方传送。声音可以通过无线和有线广播的方式进行传送。

2．电磁波

通过物理学的电磁现象可以知道，在通入交流变化电流的导体周围会产生交流变化的磁场，交流变化的磁场在其周围又会感应出交流变化的电场；交流变化的电场又在其周围产生交流变化的磁场，这种变化的磁场与变化的电场不断交替产生，并不断向周围空间传播，就形成电磁波。

我们常见的可见光以及看不见的红外线、远红外线、紫外线、各种射线及无线电波都是频率不同的电磁波。

3．无线电波

无线电波只是电磁波中的一小部分，但频率范围很宽。不同频率的无线电波的特性是不同的。无线电波按其频率（或波长）的不同可划分为若干个波段，一般常把分米波和米波合称为超短波，把波长小于30cm的分米波和厘米波合称为微波。无线电波按波长不同分成长波、中波、短波、超短波等。不同的波段有不同的用途。例如，10~100kHz 长波专门用来做超远程无线电通信和导航；中波段的 150~415kHz（波长 2000~723m）和 550~1500kHz（波长 545~200m）规定专门用来做中波广播；短波范围在 6~30MHz 专门用来做业余通信；超过 60MHz 的超短波专门用来做电视广播。

4．无线电广播基本原理

无线电广播所传递的信息是语言和音乐，语言和音乐的频率很低，通常在 20~20000Hz 的范围内。实际上，天线能够有效将信号辐射出去，要求其长度与信号的波长成一定的关系：$L=\lambda/4$；$\lambda/2$；λ。低频无线电波如果直接向外发射，需要足够长的天线，而且能量损耗也很大。例如，对于 1000Hz 的语音信号，如果用 $\lambda/4$ 天线直接辐射，相应的天线尺寸应为 75km。因此，实际上音频信号是不能直接由天线来发射的。所以，无线电广播要借助高频电磁波才能把低频信号携带到空间中去。无线电广播是利用高频的无线电波作为"运输工具"，首先把所需传送的音频信号"装载"到高频信号上，然后再由发射天线发送出去。

为了有效地实现音频信号的无线传送，在发射端需要将信号"装载"在载波上。在接收端，需要将信号从载波上"卸载"下来。这一过程称为调制与解调。能够携带低频信号的等幅高频电磁波叫做载波。载波的频率叫做载频。例如，中央人民广播电台其中一个频率是 540kHz，这个频率指的就是载频。

简单地说，把音频信号"装载"到高频载波信号上去的过程，就是调制。根据音频信号调制高频载波信号参数的不同，调制方式有三种：调幅（AM）、调频（FM）和调相（PM）。调幅信号、调频信号和调相信号统称为已调制信号，简称已调信号。

调幅信号是用高频载波信号的幅值来装载音频信号（调制信号），即用音频信号来调制高频载波信号的幅值，从而使原为等幅的高频载波信号幅度随着调制信号的幅度而变化，如图 12.2.1（a）所示。幅值被音频信号调制过的高频载波信号叫已调幅信号，简称调幅信号。

调频信号是用高频载波信号的频率来装载音频信号（调制信号），即用音频信号来调制高频载波信号的频率，从而使原为等幅的高频载波信号频率随着调制信号的幅度而变化，如图 12.2.1（b）所示。频率被音频信号调制过的高频载波信号叫已调频信号，简称调频信号。

目前无线电广播可分为两大类，即调频广播（FM）和调幅广播（AM）。从调幅和调频广播的频率范围可以看出，调幅广播所用的波长较长，其特点是传播距离远，覆盖面积大，接收机的电路也比较简单，价格便宜。缺点是所能传输的音频频带较窄，音质较差，从而不宜传输高质量音乐节目，并且其抗干扰能力较差。而调频广播所能传输的音频频带较宽，宜于传输高保真音乐节目，并且它的抗干扰能力较强。但由于调频广播工作于超短波波段，其缺点是传播距离短，覆盖范围小，且易被高大建筑物等所阻挡。人们正是利用这一点，不同地区或城市可使用同一或相近的频率，而不致引起相互干扰，提高了频率利用率。

5．无线电广播工作过程

在无线电广播的发射过程中，声音信号经传声器转换为音频信号，并送入音频放大器，音频信号在音频放大器中得到放大，被放大后的音频信号作为调制信号被送入调制器。高频振荡器产生等幅的高频信号，高频信号作为载波也被送入调制器。在调制器中，调制信号对载波进行幅度（或频率）调制，形成调幅波（或调频波），调幅波和调频波统称为已调波。已调波再被送入高频功率放大器，经高频功率放大器放大后送入发射天线，向空间发射出去。

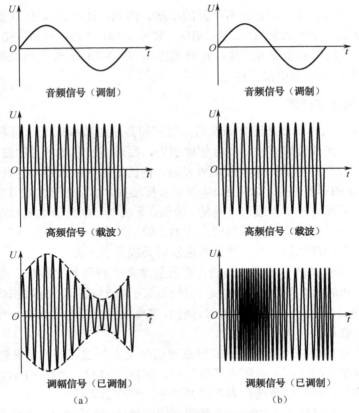

图 12.2.1   已调信号的波形图

接收机作为无线电广播的接收终端，其基本工作过程就是无线电广播发射的逆过程。接收机的基本任务是将空间传来的无线电波接收下来，并把它还原成原来的声音信号。接收机通过调谐回路，选择出所需要的电台信号，由检波器从已调制的高频信号中还原出低频信号。还原低频信号的过程叫做检波（调幅）（调频为鉴频），或者叫做解调。解调是调制的反过程。由检波器或鉴频器还原出来低频信号，经过音频放大器放大，最后由扬声器还原出声音。

无线电广播的传输过程如图 12.2.2 所示。

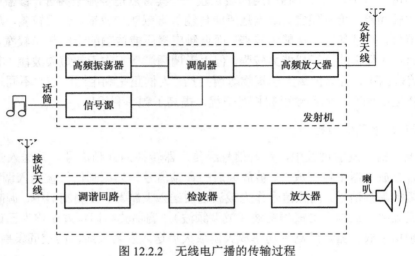

图 12.2.2   无线电广播的传输过程

12.2.2　收音机概述

收音机作为无线电广播接收终端机，它的基本功能有三大任务：选台、解调和还原声音。天线的任务是把空中的无线电波转变成高频电信号，由谐振回路进行选台，然后由解调电路把音频信号从载波上卸载下来（对调幅称为检波，对调频称为鉴频），音频信号推动喇叭，最后由喇叭还原出声音信号。

1．收音机种类

收音机种类较多。按电子器件划分，有电子管收音机、半导体收音机、集成电路收音机等。按电路特点划分，有直接放大式收音机、超外差式收音机、调频立体声等。按波段划分，有中波收音机、中短波收音机、长中短波收音机等。按调制方式划分，有调幅收音机（AM）、调频收音机（FM）、AM/FM 调幅调频收音机。

2．收音机原理

目前使用的基本上都是超外差式收音机。在检波之前，先进行变频和中频放大，然后检波，音频信号经过低频放大送到扬声器。所谓外差，是指天线输入信号和本机振荡信号产生一个固定中频信号的过程。由于超外差收音机有中频放大器，对固定中频信号进行放大，所以该收音机的灵敏度和选择性可大大提高。但同时，也附带产生中频干扰和镜像干扰。

1）调幅收音机

调幅收音机用来接收调幅制广播节目。其解调过程是用检波器对已调幅高频信号进行解调，电路结构如图 12.2.3 所示。调幅收音机一般工作在中波、短波或长波波段。

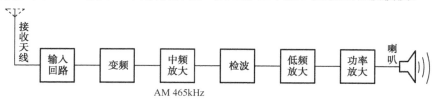

图 12.2.3　调幅收音机原理框图

中波（MW）广播采用了调幅的方式，MW 只是诸多利用 AM 调制方式的一种广播，像在高频（3～30MHZ）中的国际短波广播所使用的调制方式也是 AM，甚至比调频广播更高频率的飞航通讯（116～136MHz）也是采用 AM 的方式，只是我们日常所说的 AM 波段指的就是中波广播（MW）频率，范围大约在 520～1600kHz。短波（SW）可以说是一种昵称，正确的说法应该是高频（HF），MW 介于 200～600km 之间，而 HF 的波长却是在 10～100km 之间，这与 MW 的波长相比较的确是短了些，因此就把 HF 称做 SW。长波（LW）比 MW 频率更低，范围在 150～284kHz，这一段频谱也是做为广播用的，以波长而言，它大约在 1000～2000km 之间，和 MW 的 200～600km 相比较显示"长"多了，因此就把这段频谱的广播称做 LW。实际上，不论长波（LW）、中波（MW）或者是短波（SW）都是采用 AM 调制方式。

2）调频收音机

调频收音机用来接收调频制广播节目。其解调过程是用鉴频器对已调频高频信号进行解调。调频信号在传输过程中，由于各种干扰，使振幅产生起伏，为了消除干扰的影响，在鉴频器前，常用限幅器进行限幅，使调频信号恢复成等幅状态，电路结构见图 12.2.4。调频收音机一般工作在超短波波段，其抗干扰能力强、噪声小、音频频带宽，音质比调幅收音机好。高保真收音机和立体声收音机都是调频收音机。调频波段都在超高频（VHF）波段，我国的调频广播的频率范围是 87.5～108MHz，校园调频使用 70.0～87.0MHz，一般收音机可以接收到 78.0～108.0MHz 的范围，也有收音机可以接收 76.0～108.0MHz。

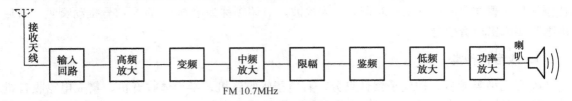

图 12.2.4　调频收音机原理框图

12.2.3　实习目的和要求

1．目的

通过对 HX108-2 AM 正规产品收音机的安装、焊接、调试，了解电子产品的装配全过程，训练动手能力，掌握元器件的识别，简易测试，及整机调试、装配工艺。

2．要求

1）对照原理图讲述整机工作原理；
2）对照原理图看懂装配接线图；
3）了解图上符号，并与实物对照；
4）根据技术指标测试各元器件的主要参数；
5）认真细致地安装焊接，排除安装焊接过程中出现的故障。

12.2.4　工作原理

1．工作方框图

HX108-2 AM 收音机为七管中波调幅袖珍式半导体收音机，采用全硅管标准二级中放电路，用二只二极管正向压降稳压电路，稳定从变频、中频到低放的工作电压，不会因为电池电压降低而影响接收灵敏度，使收音机仍能正常工作。图 12.2.5 为 HX108-2 AM 收音机的工作方框图。

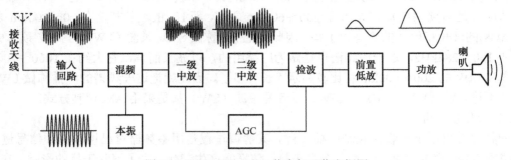

图 12.2.5　HX108-2 AM 收音机工作方框图

2．工作原理

超外差收音机的主要工作特点是采用了"变频"措施。输入回路从天线接收到的信号中选出某电台的信号后，送入变频级，将高频已调制信号的载频降低成一固定的中频（对各电台信号均相同），然后经中频放大、检波、低放等一系列处理，最后推动扬声器发出声音。

HX108-2 调幅式收音机原理图如图 12.2.6 所示，由输入回路、变频级、中放级、检波级、前置低频放大级和功率放大级组成，如图 12.2.7 所示。图中 VD_8、VD_9（IN4148）组成 $1.3V \pm 0.1V$ 稳压，固定变频级，一中放级、二中放级、低放级的基极电压，稳定各级工作电流，以保持灵敏度。由 VT_4 三极管 PN 结用作检波。R_1、R_4、R_6、R_{10} 分别为 VT_1、VT_2、VT_3、VT_5 的工作点调整电阻，R_{11} 为 VT_6、VT_7 功放级的工作点调整电阻，R_8 为中放的 AGC 电阻，B_3、B_4、B_5 为中周（内置谐振电容），既是放大器的交流负载又是中频选频器，该机的灵敏度、选择性等指标靠中频放大器保证。B_6、B_7 为音频变压器，起交流负载及阻抗匹配的作用。

下面对原理图中各级工作电路作简要说明。

1）输入回路

输入回路也叫调谐回路，它由磁棒天线、调谐线圈和 C1-A 组成。磁棒具有聚集无线电波的作用，并在变压器 B_1 的初级产生感应电动势；同时也是变压器 B_1 的铁心。调谐线圈与调谐电容 C_{1-A} 组成并联谐振电路，通过调节 C_{1-A}，使并联谐振回路的谐振频率与欲接收电台的信号频率相同，这时，该电台的信号将在并联谐振回路中发生谐振，使 B_1 初级两端产生的感生电动势最强，经 B_1 耦合，将选择出的电台信号送入变频级电路。由于其他电台的信号及干扰信号的频率不等于并联谐振回路的谐振频率，因而在 B_1 初级两端产生的感生电动势极弱，被抑制掉，从而达到选择电台的作用。对调谐回路要求效率高、选择性适当、波段覆盖系数适当，在波段覆盖范围内电压传输系数均匀。

2）变频级

变频级由 VT_1 管承担，它的作用是把所接收的已调高频信号与本机振荡信号进行变频放大，得到 465kHz 固定中频。它由变频电路、本振电路和选频电路组成。变频电路是利用了三极管的非线性特性来实现混频的作用，因此变频管静态工作点选得很低，让发射结处于非线性状态，以便进行频率变换。由输入调谐回路选出的电台信号 f_1 经 B_1 耦合进入变频放大器 VT_1 的基极，同时本振电路的本振信号 f_2（$f_2 = f_1 + 465kHz$）经 C_3 耦合进入变频放大器 VT_1 的发射极，f_1 与 f_2 在混频放大器 VT_1 中实现混频，在 VT_1 集电极输出得到一系列新的混频信号，其中只有 $f_2 - f_1 = 465kHz$ 的中频信号可以通过 B_3 中周的选频电路（并联谐振）并得到信号放大，其他混频信号被抑制掉。

本振电路是一个共基组自激振荡电路，B_2 的初级线圈与 C_{1-B} 组成并联谐振回路，经 VT_1 放大的本振输出信号通过 B_2 次级耦合到初级，形成正反馈，实现自激振荡，得到稳幅的 f_2 本振信号。本振信号频率 f_2 与预接收信号频率 f_1 是通过双联可调电容 C_1 来实现的，频率差始终保持为 465kHz。

选频电路由中周（黄、白、黑）完成，中周的中频变压器初级线圈和其并联电容组成并联谐振电路，谐振频率固定 465kHz，同时作为本级放大器的负载。只有当本级放大器输出 465kHz 中频信号，才能在选频电路中产生并联谐振，使本级放大器的负载阻抗达到最大，从而得到中频信号的选频放大；对其他频率信号通过选频电路的阻抗很小，几乎被短路抑制掉。选频放大后的 465kHz 中频信号经中频变压器耦合到下一级输入。

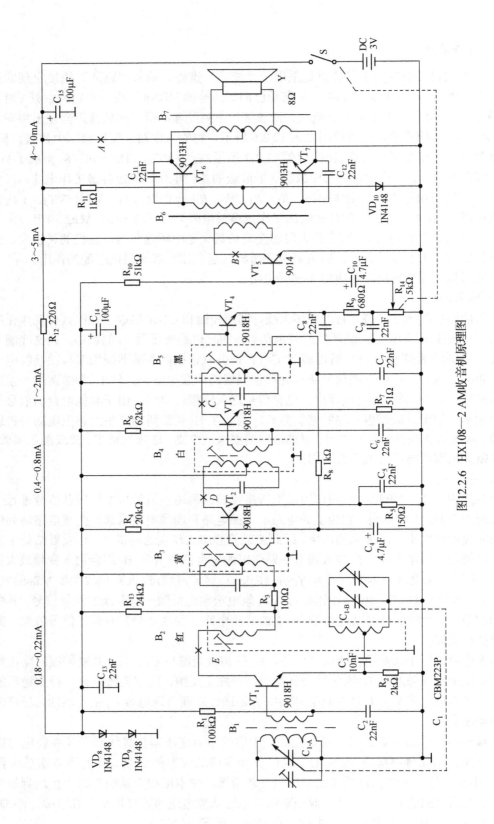

图12.2.6 HX108—2 AM收音机原理图

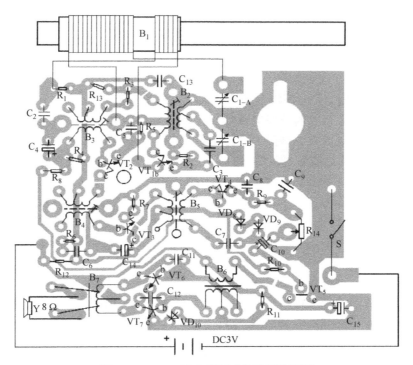

图 12.2.7　HX108-2 调幅式收音机装配图

在调谐时，本机振荡频率必须与输入回路的谐振频率同时改变，才能保证变频后得到的中频信号频率始终为 465kHz，这种始终使本机振荡频率比输入回路的谐振频率高 465kHz 的方法叫做统调或跟踪。要达到理想的统调必须使用两组容量不同、片子形状不同的双联可调电容。实际中，常常使用两组容量相同的双联可调电容，在振荡回路和谐振回路中增加垫整电容和补偿电容，做到三点统调，即在整个波段范围内，找高、中、低三个频率点，做到理想统调，其余各点只是近似统调。三点统调对整机灵敏度影响不大，因此得到广泛的应用。

3）中频放大电路

中频放大电路是由 VT_2、VT_3 两级中频放大电路组成的，它的作用是对中频信号进行选频和放大。第一级中频放大器的偏置电路由 R_4、R_8、V_4、R_9、W 组成分压式偏置，R_5 为射极电阻，起稳定第一级静态工作点的作用，中周 B_4 为第一级中频放大器的选频电路和负载；第二级中频放大器中 R_6 为固定偏置电阻，R_7 为射极电阻，中周 B_5 为第二级中频放大器的选频电路和负载。第一级放大倍数较低，第二级放大倍数较高。中频放大器是保证整机灵敏度选择性和通频带的主要环节。对中频放大器的主要要求是合适稳定的频率，适当的中频频带和足够大的增益。

4）检波级

检波级由 VT_4 管检波三级，C_8、C_9、R_9 组成的 π 型低通滤波器和音量电位器 W 组成。利用三极管的一个 PN 结的单向导电性，把中频信号变成中频脉动信号。脉动信号中包含有直流成分、残余的中频信号及音频包络三部分。利用由 C_8、C_9、R_9 构成的 π 型滤波电路，滤除残余的中频信号。检波后的音频信号电压降落在音量电位器 W 上，经电容 C_{10} 耦合送入低频放大电路。检波后得到的直流电压作为自动增益控制的 AGC 电压，被送到受控的第一级中频放大管（VT_2）的基极。检波电路中要注意三种失真，即频率失真、对角失真和负峰消波失真。

5）AGC

AGC 是自动增益控制。R_8 是自动增益控制电路 AGC 的反馈电阻，C_4 作为自动增益控制电路 AGC 的滤波电容。检波后得到的直流电压作为自动增益控制的 AGC 电压，被送到受控的第一级中频放大管（VT_2）的基极。当接收到的信号较弱时，使收音机具有较高的高频增益；而当接收到的信号较强时，又能使收音机的高频增益自动降低，从而保证中频放大电路高频增益的稳定，这样既可避免接收弱信号电台时音量过小（或接收不到），也可避免接收强信号电台时音量过大（或使低频放大电路由于输入信号过大而产生阻塞失真）。

当控制过程静态时，当收音机没有接收到电台的广播时，VT_2（受控管）的集电极电流 I_{C2} 为 0.2～0.4mA。第一级中频放大管具有最高的 β 值，中放电路处于最高增益状态。

当收音机接收较弱信号电台的广播时，中放电路输出信号的电压幅度较小，检波后产生的 U_{AGC} 也较小。当负极性的 U_{AGC} 经 R_8 送至 VT_2 的基极时，将使 VT_2 的基极电压略有下降，基极电流略有减小。由于 U_{AGC} 也较小，所以 I_{C2} 将在 0.4mA 的基础上略有减小，使第一级中放管仍具有较高的 β 值，第一级中放电路处于增益较高的状态，检波电路输出的音频信号电压幅度仍能达到额定值，不会有明显的减小。

当收音机接收较强信号电台的广播时，中放电路输出信号的幅度较大，检波后产生的 U_{AGC} 也较大。当负极性的 U_{AGC} 经 R_8 送至 VT_2 的基极时，将使 VT_2 的基极电压下降，基极电流减小。由于 U_{AGC} 较大，I_{C2} 将在 0.4mA 的基础上大幅度下降，使第一级中放管 β 值减小，第一级中放电路的增益随之减小，检波电路输出的音频信号电压幅度基本维持在额定值，不致有明显的增大。

6）前置低放级

前置低放级由 VT_5、固定偏置电阻 R_{10} 和输入变压器初级组成。检波器输出音频信号经过音量电位器和 C_{10} 耦合到 VT_5 的基极，实现音频电压放大。本级电压放大倍数较大，以利于推动扬声器。

7）功率放大级

功率放大级由 VT_6、VT_7 和输入、输出变压器组成推挽式功率放大电路，它的任务是将放大后的音频信号进行功率放大，推动扬声器发出声音。

8）电源退耦电路

由 VD_8、VD_9 正向串联组成的高频集电极电源电压为 1.35V 左右；由 R_{12}、C_{14}、C_{15} 组成电源退耦电路，目的是防止高低频信号通过电源产生交连，发出自激啸叫声。

简单地说，HX108-2 AM 收音机是这样工作的：磁性天线感应到高频调幅信号，送到输入调谐回路中，转动双连可变电容 C_1 将谐振回路谐振在要接收的信号频率上，然后通过 B_1 感应出的高频信号加到变频级 VT_1 的基极，混频线圈 B_2 组成本机振荡电路所产生的本机振荡信号通过 C_3 注入 VT_1 的发射极。本机振荡信号频率设计比电台发射的载频信号频率高 465kHz，两种不同频率的高频信号在 VT_1 中混频后产生若干新频，再经中周 B_3 选频电路选出差频部分，即 465kHz 的中频信号，并经 B_3 的次级耦合到 VT_2 进行中频放大，放大后的中频信号由 B_5 耦合到检波三极管 VT_4 进行检波，检波出的残余中频信号通过低通滤波器滤掉残余中频后，音频电流在电位器 W 上产生压降并通过 C_{10} 耦合到 VT_5 组成的前置低频放大器，放大后的音频信号经过输入变压器 B_6 耦合到 VT_6、VT_7 组成功放电路实现功率放大，最后推动扬声器发出声音。

12.2.5 装配

1. 装配前的准备

1）对照原理图（图 12.2.6）看懂装配图（图 12.2.7），认识图上的符号并与实物对照。

2）按元器件清单和结构件清单清点零部件，分类放好。

3）根据所给元件主要参数表（表 12.2.1），对元器件进行测试。

4）检查印制板（图 12.2.8），看是否有开路、短路等隐患。

5）清理元器件引脚。如元器件引脚有氧化，应将元器件引脚上的漆膜、氧化膜清除干净，然后进行上锡。根据要求，将电阻、二极管弯脚。

表 12.2.1 元器件主要参数

元器件名称	测 试 内 容
电阻	电阻值
开关电位器	开关通断、电阻值 $R_{13}=R_{12}+R_{23}=5.1\text{k}\Omega$ （电位器符号图：1、2、3 端子）
元片电容	绝缘电阻值
电解电容	极性、容量、绝缘电阻值
双联电容	绝缘电阻值
电感线圈	直流电阻值 8Ω　2Ω 初次极间电阻无穷大
中周	直流电阻值 红　4Ω　0.3Ω　0.4Ω　　黄　2Ω　4Ω　0.3Ω 白　1.8Ω　3.8Ω　0.4Ω　　黑　2Ω　4.5Ω　1Ω 初次极间电阻无穷大
变压器	直流电阻值 绿　90Ω　90Ω　220Ω　　红　0.9Ω　0.9Ω　0.4Ω　1Ω　0.4Ω 初次极间电阻无穷大　　　　自耦变压器无初次极
二极管	正反向电阻值、压降
三极管	类型、极性、电流放大系数 β 9018H（97～146） 9014C（200～600） 9013H（144～202）
喇叭	电阻值 8Ω

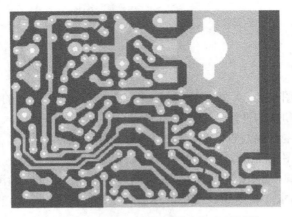

图 12.2.8 HX108-2 调幅式收音机印制板图

2. 元器件插装

在对元器件进行插装焊接时,要求注意以下几点:

1)按照装配图正确插入元器件,其高低、极性应符合图纸规定。

2)焊点要光滑,大小最好不要超出焊盘,不能有虚焊、搭焊、漏焊。

3)注意二极管、三极管的极性,如图 12.2.9 所示。

图 12.2.9 二极管三极管极性

4)输入(绿蓝色)B6 变压器和输出(红黄色)变压器 B7 位置不能调换。

5)红中周 B2 插件外壳应弯脚焊牢,否则会造成卡调谐盘。

6)中周外壳均应用锡焊牢固,特别是中周(黄色)B3 外壳一定要焊牢固。

3. 元器件焊接

焊接元器件时,按以下焊接步骤进行:

1)电阻、二极管;

2)元片电容(注:先装焊 C3 元片电容,此电容装焊出错本振可能不起振);

3)晶体三极管(注:先装焊 VT_6、VT_7 低频功率管 9013H,再装焊 VT_5 低频管 9014,最后装焊 VT_1、VT_2、VT_3、VT_4 高频管 9018H);

4)混频线圈、中周、输入输出变压器(注:混频线圈 B2 和中周 B3、B4、B5 对应调感芯冒的颜色为红、黄、白、黑,输入、输出变压器颜色为绿色或兰色、黄色);

5)电位器、电解电容(注:电解电容极性插装反会引起短路);

6)双联、天线线圈;

7)电池夹引线、喇叭引线。

在焊接过程中,每次焊接完一部分元器件,均应检查一遍焊接质量及是否有错焊、漏焊,发现问题及时纠正。这样可保证焊接收音机的一次成功而进入下道工序。

4．组合件准备

1）将电位器拨盘装在 R_{14}—5K 电位器上，用 M1.7×4 螺钉固定。

2）将磁棒套入天线线圈及磁棒支架，如图 12.2.10 所示。

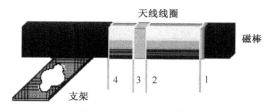

图 12.2.10　组合件结构

3）将双联 CBM－223P 插装在印刷电路板元件面，将天线组合件上的支架放在印制电路板焊接面的双联上，然后用 2 只 M2.5×5 螺钉固定，并将双联引脚超出电路板部分，弯脚后焊牢。

4）将天线线圈 1 端焊接于双联 $C_{1\text{-}A}$ 端；2 端焊接于双联中点地；3 端焊接于 VT_1 基极（b）；4 端焊接于 R_1 与 C_2 公共点（见装配图 12.2.6）。为了避免静态工作点调试时引入接收信号，1、2 端可暂时不焊，待静态工作点调好后再对 1、2 端进行焊接。

5）将电位器组合件焊接在电路板指定位置。

5．收音机前框准备

1）将电源负极弹簧、正极片安装在塑壳上。焊好连接点及黑色、红色引线。

2）将周率板反面双面胶保护纸去掉，然后贴于前框，注意要贴装到位，并撕去周率板正面保护膜。

3）将喇叭安装于前框中，借助一字小螺丝刀，先将喇叭圆弧一侧放入带钩中，再利用突出的喇叭定位圆弧内侧为支点，将其导入带钩，压脚固定，再用烙铁热铆三只固定脚。

4）将拎带套在前框内。

5）将调谐盘安装在双联轴上，用 M2.5×5 螺钉固定，注意调谐盘指示方向。

6）按图纸要求分别将两根白色或黄色导线焊接在喇叭与电路板上。

7）按图纸要求将正极（红）、负极（黑）电源线分别焊在电路板的指定位置。

8）将组装完毕的机芯安装装入前框，一定要到位，如图 12.2.11 所示。

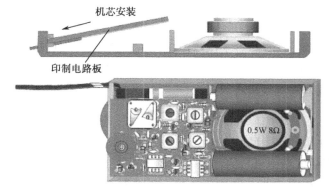

图 12.2.11　机芯安装图

12.2.6 调试

收音机调试时，用到的仪器仪表主要有万用表、直流稳压电源或两节五号电池、高频信号发生器、示波器、低频毫伏表、圆环天线、无感应螺丝刀。参照图 12.2.12 进行仪器连接，调试方法如下：

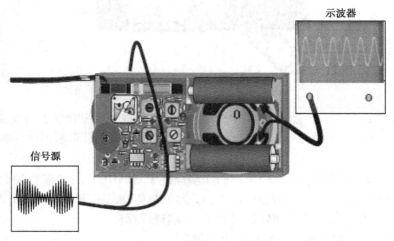

图 12.2.12　测试连接示意图

1. 静态工作点的测试

收音机装配焊接完成后，首先检查电路中接电源的两端有无短路现象，确保没有短路的情况下才可以接通电源。在测量静态工作点前可以检查元器件有无装错位置，焊点是否有脱焊、虚焊、漏焊等故障并加以排除。静态工作点的测量方法有电流法和电压法，电流法测试是采用从后向前逐级调试的方法（本机有 5 个测试点），主要步骤如下：

1）参考原理图（图 12.2.6），接通 3V 直流电压源，合上收音机开关 S 后，用万用表直流电压挡测电源电压，3V 左右为正常；VD_8、VD_9 上高频部分集电极电源电压应在 1.35V 左右。

2）测各级静态工作点电流。参考原理图，从功放级开始按照 A、B、C、D、E 的顺序分别用万用表测量各级静态工作点的开口电流，其值范围见电路原理图。在测量好各级静态工作点的开口电流后，并将该级集电极开口断点用导线或焊锡连通，再进入下一级静态工作点的测试。注意检查在测量三极管 VT_1 集电极（E 断点）电流时，应将磁棒线圈 B_1 的次级接到电路中，保证 VT_1 的基极有直流偏置。静态工作点调试好后，整机电流应小于 25mA。

3）作为训练，学生可以测静态工作点电压，各级静态工作点电压参考值如下：V_{C1}、V_{C2}、V_{C3} 比 1.35V 略低，V_{C4} 为 0.7V 左右，V_{C5} 为 2V 左右，V_{C6}、V_{C7} 为 2.4V 左右。如检测满足以上要求，将 B_1 初级线圈接入电路后即可收台试听。

2. 动态调试

1）调整中频频率

首先将双联旋至最低频率点，将信号发生器置于 465kHz 频率处（输出场强为 10mV/m），调制频率 1000Hz，调幅度 30%。收到信号后，示波器上有 1000Hz 的调制信号波形。然后用无感应螺丝刀依次调节黑、白、黄三个中周，且反复调节，使其输出最大，毫伏表指示值最大，此时 465kHz 中频即调好。

调整中频频率的目的是调整中频变压器的谐振频率,使它准确地谐振在 465kHz 频率点上,使收音机达到最高灵敏度并有最好的选择性。

2)频率覆盖

将信号发生器置于 520kHz 频率（输出场强为 5mV/M）,调制频率 1000Hz,调幅度 30%,收音机双联旋至低端,用无感应螺丝刀调节振荡线圈（红中周）磁芯,直至收到信号,即示波器上出现 1000Hz 波形;再将收音机双联旋至高端,信号发生器置于 1620kHz 频率,调节双联电容振荡联微调电容（见图 12.2.13）C_{1-A},直至收到信号,即示波器上出现 1000Hz 波形;重复低端、高端调节,直到低端频率 520kHz 和高端频率 1620kHz 均收到信号为止。

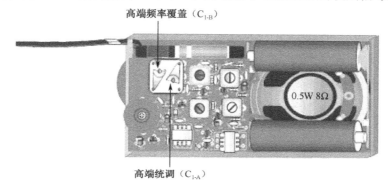

高端频率覆盖（C_{1-B}）

高端统调（C_{1-A}）

图 12.2.13　双联微调电容外形图

3)频率跟踪

将信号发生器置于 600kHz 频率（输出场强为 5mV/m 左右）,拨动收音机调谐旋钮,收到 600kHz 信号后,调节中波磁棒线圈位置,使输出信号最大;然后将信号发生器置于 1500kHz 频率,拨动收音机调谐旋钮,收到 1500kHz 信号后,调节双联电容调谐联微调电容（见图 12.2.13）C_{1-B},使输出信号最大;重复调节 600kHz、1500kHz 频率点,直至二点测试到的波形幅值最大为止（用毫伏表测试时指示值最大）。

中频、频率覆盖、频率跟踪完成后,收音机可接收到高、中、低端频率电台,且频率与刻度基本相符。安装、调试完毕。

3．不借助仪器调整方法

1)调整中频频率

HX108-2 收音机套件所提供的中频变压器（中周）,出厂时都已调整在 465kHz（一般调整范围在半圈左右）,因此调整工作比较简单。打开收音机,随便在高端找一个电台,先从 B_5 开始,然后 B_4、B_3,用无感螺丝刀（可用塑料、竹条或者不锈钢制成）向前顺序调节,调到声音响亮为止。由于自动增益控制作用,以及当声音很响时,人耳对音响的变化不易分辨的缘故,收听本地电台且声音已调到很响时,往往不易调精确,这时可以改收较弱的外地电台或者转动磁性天线方向以减小输入信号,再调到声音最响为止。按上述方法从后向前的次序反复细调二到三遍,直至最佳状态,中频频率调整完毕。

2)调整频率范围

调整低端刻度:在 550～700kHz 范围内选一个台。例如中央人民广播电台中国之声电台 639kHz,参考调谐罗盘指针在 639kHz 的位置,调整振荡线圈 B_2（红）的磁芯,便收到这个电台，并调整到声音较大。这样，当双联电容全部旋进即容量最大时的接收频率约在 520kHz 附近。

调整高端刻度：在 1400～1600kHz 范围内选一个已知频率的广播电台，再将调谐罗盘指针指在周率板刻度相对应位置，调节振荡回路中双联电容左上角的微调电容 C_{1-B}，使这个电台在这个位置出现声音最响。这样，当双联电容全旋出即容量最小时，接收频率必定在 1600kHz 附近。

以上两步需要反复调整二到三次，频率覆盖范围才能调准。

3）统调

低端统调：利用最低端收到的电台，调整天线线圈在磁棒上的位置，使声音最响，达到低端统调。

高端统调：利用最高端收到的电台，调节天线输入回路中的微调电容 C_{1-A}，使声音最响，达到高端统调。

12.2.7 故障与检修

1. 组装调试中易出现的故障

1）变频部分

判断变频级是否起振，用万用表直流 2.5V 挡正表笔接 VT_1 发射级，负表棒接地，然后用手摸双联振荡（即连接 B_2 端），万用表指针应向左摆动，说明电路工作正常。变频级工作电流不宜太大，电流过大则噪声大。红色振荡红圈外壳两脚均应折弯焊牢，以防调谐盘卡盘。

2）中频部分

中频变压器序号位置装错，会降低灵敏度和选择性，有时有自激。

3）低频部分

输入、输出变压器位置装错，虽然工作电流正常，但音量很低，VT_6、VT_7 集电极和发射极接反，工作电流调不上，音量低。

2. 检测修理方法

整机调试时，如果出现工作点测试不正常，检修方法如下：

1）整机静态总电流测量

整机静态总电流若大于 25mA，则该机出现短路或局部短路，无电流则电源没接上。

2）工作电压测量

正常情况下总电压为 3V，VD_8、VD_9 两二极管电压在 1.3 ± 0.1V。如果大于 1.4V，二极管 IN4148 可能极性接反或损坏；如果小于 1.3V 或无电压时，检查点如下：

● 应检查电源 3V 有无接上；

● R_{12} 电阻是否接对或接好；

● 中周 B_3、B_4、B_5 初级线圈与其外壳是否短路；

● VD_8、VD_9 两二极管是否短路。

3）变频级无工作电流，检查点如下：

● 无线线圈次级未接好；

● 三级管 VT_1 已坏或未按要求接好；

- 本振线圈（红）次级不通，R_3 虚焊或错焊接了大阻值电阻；
- 电阻 R_1 和 R_2 接错或虚焊；
- C_2 是否短路。

4）一级中放无工作电流，检查点如下：
- VT_2 三极管坏，或（VT_2）管引脚插错（e、b、c 脚）；
- R_4 电阻未接好；
- 黄中周次级开路；
- C_4 电解电容短路；
- R_5 开路或虚焊。

5）一级中放工作电流在 1.5～2mA 时（标准是 0.4～0.8mA，见原理图），检查点如下：
- R_8 电阻未接好或连接 R_8 的铜箔有断裂现象；
- C_5 电容短路或 R_5 电阻阻值小；
- 电位器坏，测量不出阻值，R_9 未接好；
- 检波管 VT_4 坏，或引脚插错。

6）二级中放无工作电流，检查点如下：
- 黑中周 B_5 初级开路；
- 白中周 B_4 次级开路；
- 三极管 VT_3 坏或引脚接错；
- R_7 电阻未接上；
- R_6 电阻未接上；
- C_6 短路。

7）二级中放电流太大，大于 2mA，检查如下：
- R_6 接错，阻值远小于 62kΩ；
- R_7 阻值过小。

8）低放级无工作电流，检查点：
- 输入变压器（蓝）初级开路；
- 三极管 VT_5 坏或接错引脚；
- 电阻 R_{10} 未接好或阻值很大。

9）低放级电流太大，大于 6mA，检查点如下：
- R_{10} 电阻太小。

10）功放级无电流（VT_6、VT_7），检查点如下：
- 输入变压器次级不通；
- 输出变压器不通；
- VT_6、VT_7 三极管坏或接错引脚；
- R_{11} 电阻未接好。

11）功放级电流太大，大于 20mA，检查点如下：
- 二极管 VT_{10} 坏或极性接反，引脚未焊好；
- R_{11} 电阻装错，远小于 1kΩ。

12）整机无声，检查点如下：
- 检查是否接通电源；

- 检查 VD_8、VD_9 两端电压是否为 1.3V±0.1V；
- 有无整机静态工作电流；
- 检查各级电流是否正常；
- 用万用表×1 挡测查喇叭，应有 8Ω左右的电阻，表棒接触喇叭引出接头时应有"喀喀"声，若无阻值或无"喀喀"声，说明喇叭已坏。（注意：测量时应将喇叭焊下，不可连机测量）；
- B_3 黄中周外壳未焊好；
- 音量电位器未打开。

13）整机无声用万用表检查故障方法

用万用表×1 黑表棒接地，红表棒从后级往前寻找，对照原理图，从喇叭开始顺着信号传播方向逐级往前碰触，喇叭应发出"喀喀"声。当碰触到哪级无声时，则故障就在该级，可用测量工作点是否正常，并检查各元器件，有无接错、焊错、搭焊、虚焊等。若在整机上无法查出该元件好坏，则可拆下检查。

12.3 S-2000 直流电源/充电器安装与调试

12.3.1 实习目的和要求

1. 目的

通过实习，了解 S-2000 直流电源/充电器的组成原理及其内部结构；掌握电子元器件的焊接安装方法及技巧；训练动手能力，培养分析问题解决问题的能力，树立工程实践观念。

2. 要求

1）对照原理图能讲述 S-2000 直流电源/充电器的工作原理；
2）对照原理图看懂装配图；
3）了解装配图上的符号，并与实物对照；
4）根据技术指标测试各元器件的主要参数；
5）认真仔细地安装焊接；
6）学会排除安装焊接过程中出现的简单故障。

12.3.2 工作原理

S-2000 直流电源/充电器原理图见图 12.3.1，变压器 T、二极管 $VD_1 \sim VD_4$，电容 C_1 构成典型全波整流电容滤波电路，后面电路去掉 R_1 及 LED_1，则是典型的串联稳压电路。其中 LED_2 兼做电源指示及稳压管作用，当流经该发光二极管的电流变化不大时，其正向压降较为稳定（约为 1.9V，但也会因发光管规格的不同而有所不同，对同一种 LED 则变化不大），因此可作为低压稳压管使用。R_2 及 LED_1 组成简单过载及短路保护电路，LED_1 兼作过载指示。输出过载（输出电流增大）时 R_2 上压降增大，当增大到一定数值后 LED_1 导通，使调整管 VT_5、VT_6 的基极电流不再增大，限制了输出电流的增加，起到限流保护的作用。

K_1 为输出电压选择开关，K_2 为输出电压极性变换开关。

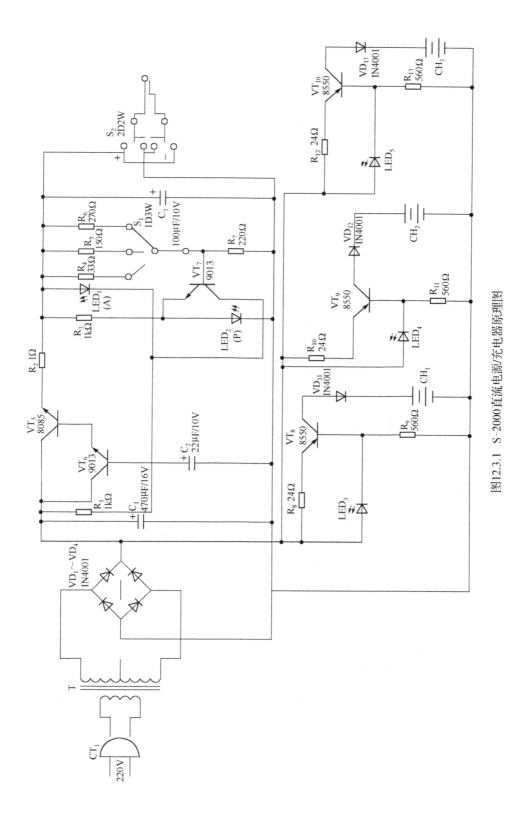

图12.3.1 S-2000直流电源/充电器原理图

VT_8、VT_9、VT_{10} 及其相应元器件组成三路完全相同的恒流源电路，以 VT_8 单元为例，如前所述，LED_3 在该处兼做稳压及充电指示双重作用，VD_{11} 可防止电池极性接错。流过电阻 R_8 的电流（输出整流）可近视地表示为：$I_0=(U_z-U_{be})/R_8$。其中 I_0 为输出电流；U_z 为 LED_3 上的正向压降，取值 1.9V；U_{be} 为 VT_4 的基极和发射级间的压降，一定条件下是常数，约为 0.7V。由此可见 I_0 主要取决于 U_z 的稳定性，而与负载无关，实现恒流特性。

12.3.3 装配

1. 装配前的准备

1）对照原理图（见图 12.3.1）看懂印制板 A、B 板（见图 12.3.2、图 12.3.3）。

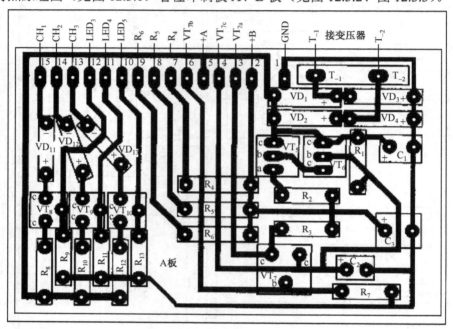

图 12.3.2　S-2000 直流电源/充电器 A 板装配图

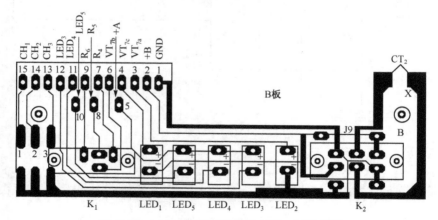

图 12.3.3　S-2000 直流电源/充电器 B 板装配图

2）按元器件清单和结构清单清点零部件，分类放好。

3）根据技术指标测试各元器件的主要参数（见表 12.3.1）。

4）检查印制板 A、B，看是否有开路、短路等隐患。

5）清理元器件引脚。如元器件引脚有氧化，应将元器件引脚上的漆膜、氧化膜清除干净，然后进行上锡。根据要求，将电阻、二极管弯脚。

表 12.3.1　元器件主要参数测试

元器件名称	测 试 内 容
二极管	正向电阻、极性标志是否正确
三极管	判断极性及类型
电解电容	是否漏电，极性是否正确
电阻	阻值是否合格
发光二极管	测量极性，判断好坏
开关	通断是否可靠
插头及软线	接线是否可靠
变压器	绕组有无断、短路，电压是否正确

2．元器件插装

在对元器件进行插装焊接时，要求注意以下几点：

1）按照装配图正确插入元器件。

2）焊点要光滑、饱满，形状最好为"裙"状，不能有虚焊、搭焊、漏焊。

3）注意二极管、三极管及电解电容的极性。

3．元器件焊接

1）焊接元器件时，先焊接印制电路板 A，按图 12.3.2 所示位置将元器件全部卧式焊接。

2）焊接印制电路板 B，按图 12.3.3 所示位置将元器件焊接到印制电路板上。

注意，K_1、K_2 从元件面插入，并插装到底；$LED_1 \sim LED_5$ 的焊接高度要求发光管顶部距离印制板高度为 13.5～14mm，让 5 个发光管露出机壳 2mm 左右，且排列整齐。将 15 芯排线一端取齐，剪成等腰梯形；焊接十字插头线 CT_2 时，应将带白色标记的线焊在印制电路板 A 上有"X"符号的焊盘上；焊接开关 K_2 旁边的短接线 J_9 时，可用剪下来的元器件引脚代替。

4．整机装配

1）装接电池夹正极片和负极弹簧；

2）连接电源线；

3）焊接 A 板和 B 板以及变压器的所有连线；

4）焊接 B 板与电池片间的连线；

5）装入机壳。

12.3.4　调试

组装完毕后，按原理图及工艺要求检查整机安装情况，着重检查电源线、变压器连线、输出连线及 A 和 B 两块印制板的连线是否正确、可靠，连线与印制板相邻导线及焊点有无短路及其他缺陷。

通电后，进行如下几项的调试：

1．电压可调

在十字头输出端测量输出电压（注意电压表极性）。所测电压值应与面板指示相对应。拨动开关 K_1，输出电压值相应变化（与面板标称值误差在±10%以内为正常）。

2．极性转换

按面板上所示开关 K_2 位置，检查电源输出电压极性能否转换，应该与面板所示位置相吻合。

3．负载能力

用一支 470Ω/2w 以上的电位器作负载，接到直流电压输出端，串接万用表 500mA 挡。调节电位器使输出电流为额定值 150mA；用连接线替下万用表，测量此时输出电压（注意换成电压挡）。所测各挡电压下降均应小于 0.3V。

4．过载保护

将万用表 DC 500mA 串连接入电源负载回路，逐渐减小电位器阻值，面板指示灯 A（即原理图中 LED_1）应逐渐变亮，电流逐渐增大到一定数（<500mA）后不再增大（保护电路启动）。当增大阻值后指示灯 A 熄灭，恢复正常供电。注意过载时间不可过长，以免电位器烧坏。

5．充电检测

用万用表 DC250mA（或数字表 200mA）挡作为充电负载代替电池，LED_3～LED_5 应按面板指示位置相应点亮，电流值应为 60mA（误差为±10%），注意表笔不可接反，也不得接错位置，否则没有电流。

12.3.5　故障与检修

1．CH1、CH2、CH3 三个通道电流大大超过标准电流（60mA）时。可能的原因：

1）LED_3～LED_5 损坏；

2）LED_3～LED_5 装反；

3）电阻 R_8、R_{10}、R_{12} 的阻值偏小；

4）有短路现象。

2．检测 CH1 的电流时，LED_3 不亮，而 LED_4 或 LED_5 亮了。可能的原因是 15 芯排线有错位之处。

3．拨动极性开关，电压极性不变。可能原因是 J9 短接线没接。

4．电源指示 LED_2（绿色）发光管与过载指示灯 LED_1 同时亮。可能的原因是：

1）R_2 的阻值过大；

2）电源输出线或电路板短路。

5．CH1 或 CH2 或 CH3 的电流偏小（小于 45mA）或无电流，可能的原因是：

1）LED_3 或 LED_4 或 LED_5 正向压降小（正常值应大于 1.8V）；

2）电阻 R_8、R_{10}、R_{12} 的阻值过大。

6．3V、4.5V、6V 电压均为 9V 以上。原因可能是：

1）变压器 T 损坏；

2）LED_2 损坏。

7．充电器使用一段时间后，突然 LED_1、LED_2 同时亮。此时可能是变压器 T 损坏。

附录 A　模拟电路常用器件索引

AD623	仪表放大器（低成本，单电源）		300MHz）
		AD8057/8	运算放大器（低成本，高性能，450MHz）
AD637	真有效值转换器		
AD644	双道高速 BiFET 运算放大器	AD8065/6	运算放大器（高性能 FastFET 运放，145MHz）
AD650	电压频率或频率电压转换器（1MHz）	AD811	高性能视频运算放大器
		AD8138	低失真差分 ADC 驱动器
AD652	电压频率或频率电压转换器（2MHz）	AD817	高速单运算放大器（低功耗，宽带）
AD669	数模转换器（16 位，电压输出）	AD8276	差分放大器
		AD829	高速低噪声视频运算放大器
AD693	变送器		
AD694	4～20mA 变送器	AD830	高速视频差分放大器
AD711	高速单运算放大器（3MHz）	AD8307	对数放大器
AD7111	8 位对数数模转换器	AD8320	数控可变增益放大器
AD712	高速双运算放大器（3MHz）	AD8337	压控可变增益放大器
AD713	高速四运算放大器（4MHz）	AD834	乘法器（四象限，500MHz）
AD73360	模数转换器（16 位 6 通道）	AD835	乘法器（四象限，250MHz）
AD737	真均方根直流转换器	AD8367	压控可变增益放大器
AD7501/2/3	模拟开关（8/4/8 选一）	AD8370	数控可变增益放大器
AD7520/1	数模转换器（10/12 位）	AD845	运算放大器（精密，16MHz）
AD7524	数模转换器（8 位，缓冲乘法）	AD847	运算放大器（高速，低功耗，带宽 50MHz）
AD7528	数模转换器（8 位，双通道高速）	AD8601/2/4	精密 CMOS 运算放大器
		AD8603//7/9	低失调、低偏置 CMOS 电流放大器
AD7533	数模转换器（10 位，低功耗）		
AD7541A	数模转换器（12 位）	AD9002	模数转换器（8 位，150MSPS）
AD7548	数模转换器（12 位，8 位接口）	AD9011	模数转换器（8 位高速，100MSPS）
AD7672	模数转换器（12 位，3μs）	AD9012	模数转换器（8 位，高速）
AD7705	模数转换器（16 位 Sigma-Delta）	AD9203	模数转换器（10 位，40MSPS）
AD7840	数模转换器（14 位）	AD9218	模数转换器（10 位，双通道，40，65，80，105MSPS）
AD7896	模数转换器（12 位，6μs，DIP8）		
AD790	比较器（高速，精密）	AD9221/9223/9220	模数转换器（12 位）
AD8037	宽带、低失真箝位放大器		
AD8042	运算放大器（高速双运放，160MHz）	AD9224	模数转换器（12 位，40MSPS）
AD8055/6	运算放大器（低成本，VFA，	AD9244	模数转换器（14 位，

	40MSPS）	ADS1286	模数转换器（12 位，微功耗，串行输出）
AD9283	模数转换器（8 位，50，80，100MSPS）	ADS2807	模数转换器（12 位，双通道，50MSPS）
AD9288	模数转换器（8 位，双通道，40，80，100MSPS）	ADS62C17	模数转换器（11 位，双通道，200MSPS）
AD96685/7	比较器（超高速）	ADS7841	模数转换器（12 位四通道，串行输出）
AD9740	数模转换器（10 位，165MSPS）	ADS7843	触摸屏控制器
AD9742	数模转换器（12 位，165MSPS）	ADS7864	模数转换器（500K，6 通道同时采样）
AD9744	数模转换器（14 位，165MSPS）	ADS804	模数转换器（12 位，10MSPS）
AD9761	数模转换器（10 位，双通道，40MSPS）	ADS807	模数转换器（12 位，53MSPS）
AD9764	数模转换器（14 位，100MSPS）	ADS822	模数转换器（10 位，40MSPS）
AD9768	数模转换器（8 位，超高速）	ADS823/6	模数转换器（10 位，60MSPS）
AD9830	DDS（内置 DA，50MHz）	ADS828	模数转换器（10 位，75MSPS）
AD9831	DDS（内置 DA，25MHz）		
AD9832	DDS（内置 DA，25MHz）	ADS830	模数转换器（8 位，60MSPS）
AD9833	DDS（10uSOIC，25MHz）	ADS8505	模数转换器（16 位，250KSPS）
AD9834	DDS（20TSSOP，50MHz）		
AD9835	DDS（内置比较器，50MHz）	ADV7123	视频数模转换器（10 位，240MHz）
AD9850	DDS（125MHz）		
AD9851	DDS（180MHz）	ADV7181	多格式 SDTV 视频解码器
AD9852	线性调频 DDS（300MHz）	AMS1086-x.x	低压降线性稳压器
AD9853	可编程数字 QPSK 调制器	AMS1117-x.x	稳压器
AD9854	DDS（正交输出，300MHz）	AO3400	N 沟道场效应管
AD9856	数字上变器（200MHz）	AO3401	P 沟道场效应管
AD9857	数字上变器（200MHz）	AS1117-x.x	低压差线性稳压器（800mA）
AD9858	DDS（1GSPS）		
AD9883	模数转换器（8 位，3 通道，110MSPS）	AT24C01	串行 EEPROM，1k
AD9901	鉴相器	AT28C16	并行 EEPROM，16k
ADC0809	模数转换器（8 位，8 通道）	AT28C64	并行 EEPROM，64k
ADCMP600/1/2	比较器（单电源，高速）	AT29C010	闪速存储器（128K×8）
ADG431/2/3	电子开关（4 路 SPST）	AT29C020	闪速存储器（256K×8）
ADG918/9	电子开关（SPDT）	AT29C040	闪速存储器（512K×8）
ADR520/525/530/540/550	高精度基准电压源	AT29C512	闪速存储器（64K×8）

型号	说明
BA1404	调频立体声发射集成电路
BB910	变容二极管
BF998	双栅 MOS 管
BLW78	NPN RF 功率管
BUF634	高电流缓冲器
CA3140	高输入阻抗运算放大器
CD4046BC	锁相环
CD4051/2/3	模拟开关（8/4/2 选一）
CD4066	电子开关（4 路 SPST）
CD7666GP	电平指示驱动电路
CXA1691BM	收音机芯片
CY7C68013A/14A/15A/16A	USB 接口芯片
DAC0832	数模转换器（8 位，双缓冲）
DAC1138	数模转换器（18 位）
DAC1210	数模转换器（12 位）
DAC2902	数模转换器（12 位，双通道，125MSPS）
DAC2932	数模转换器（12 位，双通道，40MSPS）
DAC714	数模转换器（16 位，串行接口）
DAC7512	数模转换器（12 位，串行输入）
DAC7611	数模转换器（12 位，串行输入）
DAC8541	数模转换器（16 位）
DAC904	数模转换器（14 位，165MSPS）
DAC908E	数模转换器（8 位，165MSPS，3V）
DS12C887	时钟芯片
DS1302	时钟芯片
DS18B20	温度传感器（数字，9～12 位，-55～125 度，分辨率 0.5 度）
EL817	光电耦合器
FR101～7	高效开关二极管
FT2232C	USB 转并口串口
GM8125	串口芯片
HCNR200201DS	高线性光耦
HDW3-5	DC-DC 变换器
HY57V561620	SDRAM（4x4Mx16）
ICL7107	模数转换器（3 位半双积分）
ICL7135	模数转换器（4 位半双积分）
ICL7650	高精度运算放大器（斩波稳零）
ICL7660/MAX1044	开关电容电压转换器
ICL8038	波形发生器
ICM7216A	频率测量芯片
IDT7132	双向 RAM（2Kx8）
ILI9325	TFT 屏
INA102	仪表放大器（低功耗）
INA104	高精度仪表放大器
INA110	仪表放大器（FET 输入）
INA117	高共模电压差分放大器
INA128/9	仪表放大器（精密，低功耗）
INA133	精密差分放大器
INA159	精密 0.2 电平转换差分放大器
INA33	仪表放大器（微功耗，自归零，轨对轨）
INA137/2137	音频差动线路接收器、±6dB（G=1/2 或 2）
INA331/2331	低功耗单电源 CMOS 仪表放大器
IRF540-3	N 沟道功率 MOS 管，25～28A
IRF640	N 沟道功率 MOS 管，18A
IRF830	N 沟道功率 MOS 管，4.5A
IRF9540	P 沟道功率 MOS 管，19A
IRF9640	P 沟道功率 MOS 管，11A
IRFD120-3	N 沟道功率 MOS 管，1.3～1.1A
IRFD9120	P 沟道功率 MOS 管，1A，100V
IS61LV25616AL	SDRAM（256Kx16）
ISD1400	语音芯片
ISL54230	电子开关（8 路 SPDT）
ISO100	隔离放大器（光电隔离）

ISO102/6	隔离放大器（电容隔离）	10/12/15/18/24	10/12/15/18/24V
ISO130	隔离放大器（（高 IMR，低成本，光隔）	LM7905/12/15	3 端负电压稳压器 −5/−12/−15V
K4S641632C	SDRAM（4x1Mx16）	LMH6518	数控可变增益放大器
LF347	通用运算放大器（高阻，四运放）	LOG112/2112	对数放大器
		LT1086-x.x	低压差线性稳压器（1.5A）
LM1085-x.x	三端正电压稳压器	LT1959	步降开关稳压器（4.5A，500kHz）
LM1117-x.x	低压差电压调节器		
LM136_226_336-5.0	基准电压源	LTC1068	集成滤波器
		LTC1566	集成滤波器
LM1875	20W 音频功率放大器	LTC2602/12/22	数模转换器（16/14/12 位双通道）
LM2575	1A 简单步降开关稳压器		
LM2576	3A 降压电压稳压器	LTC3409	DC-DC 变换器
LM2577	升压电压稳压器	LTC3780	DC-DC 变换器
LM2676	8V 至 40V、3A 低组件数降压稳压器	M65831AP	数字混响集成电路
		MAX038	波形发生器
LM311	比较器	MAX1125	模数转换器（8 位，300MSPS）
LM317	3 端可调正电压稳压器（1.5A，1.2～37V）		
		MAX1161	模数转换器（10 位，40MSPS）
LM318	通用运算放大器		
LM324	通用运算放大器（低功耗，四运放）	MAX118	模数转换器（8 位，1MSPS）
		MAX125/6	模数转换器（14 位，4 通道，同时采样）
LM331	电压频率或频率电压转换器（100kHz）		
		MAX1470	315MHz ASK 接收器
LM336	2.5V 基准电压源	MAX1471	315～433MHz ASK 超外差接收器
LM337	3 端可调负电压稳压器（1.5A，−1.2～−37V）		
		MAX1473	315～433MHz ASK 超外差接收器
LM339	比较器		
LM358	通用运算放大器（单电源，双运放）	MAX1776	降压型转换器
		MAX186	模数转换器（12 位，串行输出）
LM386	低压音频功率放大器（1.25W）		
		MAX1873	充电器芯片
LM393	比较器	MAX197	模数转换器（12 位，并行输出）
LM399	基准电压源		
LM45	温度传感器（−20～100 度）	MAX220/249	多通道 RS-232 驱动器/接收器
LM565	锁相环		
LM567	锁相环路解码器	MAX232	RS-232 驱动器/接收器
LM723	可调直流稳压电源	MAX2601-02	RF 功率管
LM741	通用运算放大器	MAX2605/9	压控振荡器（45～650MHz）
LM7805/06/08/09	3 端正电压稳压器 5/6/8/9/	MAX260/1/2	可编程通用有源滤波器

MAX263/4/7/8	开关电容滤波器	MC1413	驱动器（7 路达林顿）
MAX265/6	开关电容滤波器	MC145151/2/5/ 6/7/8	锁相环
MAX291/2/5/6	开关电容滤波器		
MAX293/4/7/	开关电容滤波器	MC145162	锁相环
MAX3232	RS-232 收发器	MC145170	锁相环
MAX4108/9	高速运算放大器	MC1596	调制解调器
MAX4501/2	电子开关（SPST）	MC1648	压控振荡器
MAX485	RS-485/RS-232 收发器	MC3362DW	收音机芯片
MAX5181/4	数模转换器（10 位， 40MSPS）	MCR100-6	可控硅
		MJE200-210	NPN/PNP 三极管 25V，15W
MAX5187/5190	数模转换器（8 位，40MSPS）	MPN3404-D	PIN 开关二极管
MAX5402	数字电位器	MRF5812	高频小功率三极管
MAX547	数模转换器（13 位，8 路， 电压输出）	MTY25N60E	25A，600V 功率管
		MTY55N20E	55A，200V 功率管
MAX5481/4	数字电位器	MV209	变容二极管
MAX6325_41_50	基准电压源	NE5532	通用运算放大器（低噪声， 双运放）
MAX660	开关电容电压转换器		
MAX6675	温度传感器（数字，12 位， 0～1024 度，分辨率 0.25 度）	NE5534	通用运算放大器（低噪声， 单运放）
MAX6872/3	µP 监控芯片	NE602A	振荡/混频器集成电路
MAX6954	键盘与显示驱动芯片	OP07	运算放大器
MAX705/813	µP 监控芯片	OP1177/2177/ 4177	精密低噪声、低输入偏流运 算放大器
MAX7219/7221	LED 显示驱动器		
MAX732/3	升压型电流模式 PWM 稳压 器	OP27	高精度低噪声运算放大器
		OP37	高速高精度低噪声运算放 大器
MAX7408/7415	开关电容滤波器（3V 供电）		
MAX749	数字调节 LCD 偏置电路	OPA132	精密运算放大器
MAX7490/7491	开关电容滤波器	OPA134	精密运算放大器
MAX751	升压型电流模式 PWM DC-DC 转换器	OPA177	精密运算放大器
		OPA2111	精密运算放大器（双通道低 噪声）
MAX803/09/10	µP 监控芯片		
MAX8556	超低输入电压稳压器（4A）	OPA2140	精密运算放大器（低噪声， 轨至轨）
MAX8860	低压差线性稳压器		
MAX912/3	比较器（高速）	OPA2613	高速运算放大器
MAX9814	麦克风放大器	OPA2652	高速运算放大器（宽带， 700MHz）
MB1501	鉴相器		
MB1504	鉴相器	OPA2680	高速运算放大器（双通道 VFA，220MHz）
MB2S-MB6S	整流桥（表面贴）		
MC12022	分频器	OPA2681	高速运算放大器（双通道 CFA，225MHz）
MC1403	2.5V 基准电压源		

OPA2690	高速运算放大器（双道VFA，220MHz）	S9018	NPN 高频小功率三极管
		SA612	收音机芯片
OPA2846	高速运算放大器	SC1945	NPN 高频功率三极管
OPA335	精密运算放大器	SC1969	NPN 高频功率三极管
OPA4872	模拟开关（高速，4 选一）	SC2694	NPN 高频功率三极管
OPA602	精密运算放大器（高速，6.5MHz）	SC2879	NPN 高频功率三极管
		SC2904	NPN 高频功率三极管
OPA620	精密运算放大器（宽带，200MHz）	SC3133	NPN 高频功率三极管
		SC3240	NPN 高频功率三极管
OPA642	高速运算放大器（宽带，低失真，低增益，400MHz）	SG3525	PWM 控制芯片
		SP708REU	μP 监控芯片
OPA658	运算放大器（宽带，低功耗，CFA）	SPX1117-x.x	低压差稳压器（800mA）
		SS16	肖特基二极管（表面贴）
OPA690	高速运算放大器（宽带，500MHz）	STP16CPP05	16 位 LED 显示驱动器
		TC4426-8	双路驱动器
OPA691	高速运算放大器（宽带，280MHz）	TDA1514	功率放大器（50W，HI-FI）
		TDA1521	功率放大器（2x12W，HI-FI）
OPA827	精密运算放大器	TDA2003	功率放大器（10W）
OPA2132	精密运算放大器（低噪声，FET 输入）	TDA2030	功率放大器（14W，HI-FI）
		TDA2822	低压音频功率放大器（2x1W）
OPA227/2227/4227	精密运算放大器（低噪声，8MHz）	
OPA228/2228/4228	精密运算放大器（低噪声，33MHz）	TDA7265	立体声功率放大器（25W+25W）
OPA380/2380	高速运算放大器	THS3001	高速运算放大器（CFA，420MHz）
OPA340/2340/4340	精密运算放大器（单电源，5.5MHz）	THS3091/5	高速运算放大器（高电压低失真，CFA）
OPA353/2353/4353	高速运算放大器（单电源，轨至轨，44MHz）	THS3092/6	高速运算放大器（高电压低失真，CFA）
PT2262	红外遥控发射芯片	THS3120/1	高速运算放大器（低噪声，高电流输出）
PT2272	红外遥控接收芯片	
PT2399	数字混响集成电路	THS3202	高速运算放大器（低失真，2GHz）
PWS727/8	DC-DC 变换器	
S8050	NPN 小功率三极管	TIL111M/117M	光电耦合器
S8550	PNP 小功率三极管	TIL113	光电耦合器
S9011	NPN 小功率三极管	TIP120-2	NPN 中功率三极管
S9012	PNP 小功率三极管	TIP125-7	PNP 中功率三极管
S9013	NPN 小功率三极管	TIP41C/42C	NPN/PNP 中功率三极管
S9014	NPN 小功率三极管	TL074	通用运算放大器（低噪声，JFET 输入，四运放，4MHz）
S9015	PNP 小功率三极管	

TL081/2/4	通用运算放大器（JFET 输入，4MHz）	TLE2027	精密运算放大器（低噪声，高速）
TL431A	2.5～36V 可调基准电压源	TLP521_x	光电耦合器
TL494	PWM 控制芯片	TLV2401/2/4	超低功耗运算放大器
TLC0831	模数转换器（8 位，串行输出）	TQ2-5V	继电器
TLC080/1/2/3/4/5	精密运算放大器（10MHz）	TS5A3166	模拟开关（0.9ΩSPST）
TLC14	开关电容滤波器	UAF42	集成滤波器
TLC1414	模数转换器（14 位，2.2MSPS）	UC3573	PWM 控制芯片
		UC3845	PWM 控制芯片
TLC2543	模数转换器（12 位，11 通道）	ULN2003	驱动器（7 路达林顿）
		ULN2068B	4 路达林顿驱动电路
TLC2552	模数转换器（12 位双道，400KSPS）	ULN2803	驱动器（8 路达林顿）
		UM3758	三态编程编码器/解码器
TLC116～	可控硅	uPC1228	双通道前置放大器
386T/D/S/A		VCA810	宽带增益可调压控放大器
		VCA822	宽带增益可调放大器
LTC3413	单片同步、步降开关调压器（3A，2MHz）	VFC32	电压频率或频率电压转换器（500kHz）
TLC3544	数模转换器（14 位，200kSPS）	W25X16/32/64	闪速存储器
		W27C512	64K x 8　EPROM
TLC4501/2	精密运算放大器	WM8731	模数转换器（24 位，8～96KSPS）
TLC5510A	模数转换器（8 位，20MSPS）		
TLC5540	模数转换强（8 位，40MSPS）	X5045	μP 监控芯片
TLC5602	数模转换器（8 位，30MSPS）	X9241	数字电位器
TLC5615	数模转换器（10 位，串行）	X9313	数字电位器
TLC5618	数模转换器（12 位，双通道）	X9C102/103/	数字电位器
TLC5620	数模转换器（8 位，四通道，电压输出）	104/503	
		ZLG7289A	键盘与显示驱动芯片
TLC7528	数模转换器（8 位，双通道，高速）	ZR78L	正电压稳压器

附录 B　部分数字集成电路索引

B.1　74 系列集成电路索引

（说明：74 系列器件的序号相同，则其功能相同。74LS00 与 7400、74ALS00、74HC00 的功能都相同，但性能指标不同。）

00　四 2 输入与非门

01　四 2 输入与非门（OC）

02　四 2 输入或非门

03　四 2 输入与非门（OC）

04　六反相器

05　六反相器（OC）

06　六高压输出反相缓冲器/驱动器（OC，30v）

07　六高压输出缓冲器/驱动器（OC，30v）

08　四 2 输入与门

09　四 2 输入与门（OC）

10　三 3 输入与非门

11　三 3 输入与门

12　三 3 输入与非门（OC）

13　双四输入与非门（有施密特触发器）

14　六反相器（有施密特触发器）

15　三 3 输入与门（OC）

16　六高压输出反相缓冲/驱动器（OC，15V）

17　六高压输出缓冲/驱动器（OC，15V）

18　双四输入与非门（有施密特触发器）

19　六反相器（有施密特触发器）

20　双四输入与非门

21　双四输入与门

22　双四输入与非门（OC）

23　双可扩展的输入或非门

24　四 2 输入与非门（有施密特触发器）

25　双四输入或非门（有选通）

26　四 2 输入高压输出与非缓冲器（OC，15V）

27　三 3 输入或非门

28　四 2 输入或非缓冲器

30　八输入与非门

31　延迟电路

32　四 2 输入或门

33　四 2 输入或非缓冲器（OC）

34　六缓冲器

35　六缓冲器（OC）

36　四 2 输入正或非门

37　四 2 输入与非缓冲器

38　四 2 输入与非缓冲器（OC）

39　四 2 输入与非缓冲器（OC）

40　双四输入与非缓冲器

41　BCD—十进制计数器

42　4—10 译码器（BCD 输入）

43　4—10 译码器（余 3 码输入）

44　4—10 译码器（余 3 格雷码输入）

45　BCD—十进制译码器/驱动器

46　BCD—七段译码器/驱动器

47　BCD—七段译码器/驱动器

48　BCD—七段译码器/驱动器

49　BCD—七段译码器/驱动器

50　双二路 2-2 输入与或非门（一门可展）

51　双二路 2——2 输入与或非门

52　四路 2-3-2-2 输入与或门（可扩展）

53　四路 2-2-2-2 输入与或非门（可扩展）

53　四路 2-2-3-2 输入与或非门（可扩

B.2　部分 CMOS 4000 系列索引

CD4093B 四2输入与非施密特触发器

CD4094B 八位移位存储总线寄存器

CD4095B 选通 J—K 触发器（同相 JK 输入端）

CD4096B 选通 J—K 触发器（反相和同相 JK 输入端）

CD4097B 双8选1模拟开关

CD4098B 同 J210，MC14528，双单稳态触发器

CD4099B 八位可寻址锁存器

CD40100B 32 位双向静态移位寄存器

CD40101B 九位奇偶发生器/校验器

CD40102B 八位可预置同步减法计数器（BCD）

CD40103B 八位可预置同步减法计数器（二进制）

CD40104B 四位双向通用移位寄存器（三态）

CD40105B 先进先出寄存器

CD40106B 六施密特触发器

CD40107B 二输入端双与非缓冲/驱动器

CD40108B 4×4 多端寄存器

CD40109B 四低到高电平移位器（三态）

CD40110B 十进制加减计数/译码/锁存/驱动器

CD40147B 10—4BCD 优先编码器

CD40160B 非同步复位 BCD 计数器（可预置）

CD40161B 非同步复位二进制计数器

CD40162B 同步复位 BCD 计数器

CD40163B 同步复位二进制计数器

CD40174B 六 D 触发器

CD40175B 四 D 触发器

CD40192B 可预置 BCD 加/减计数器

（双时钟）

CD40193B 可预置四位二进制加/减计数器（双时钟）

CD40194B 四位并入/串入—并出/串出移位寄存器（左移/右移）

CD40195B 四位并入/串入—并出/串出移位寄存器

CD4502B 可选通六反相/缓冲器

CD4503B 六同相缓冲器

CD4508B 双四位锁存 D 触发器

CD4510B 可预置四位 BCD 加/减计数器

CD4511B BCD—七段锁存/译码/驱动器

CD4512B 八通道数据选择器

CD4514B 4-16 译码器（输出高）

CD4515B 4-16 译码器（输出低）

CD4516B 可预置四位二进制加/减计数器

CD4517B 双 64 位静态移位寄存器

CD4518B 双 BCD 加法计数器

CD4519B 四位与或选择器

CD4520B 双二进制加法计数器

CD4522B 二—十进制可预置同步 1/N 计数器

CD4526B 四位二进制可预置 1/N 计数器

CD4527B BCD 比例乘法器，同 J690

CD4528B 双单稳态触发器，同 J210

CD4532B 八位优先编码器

CD4536B 可编程计时器

CD4555B 双二进制—4 选 1 译码器（高电平输出）

CD4556B 双二进制—4 选 1 译码器（低电平输出）

附录 C　常用逻辑门电路逻辑符号对照表

名　　称	国外常用符号	国 标 符 号
与门		
或门		
非门		
与非门		
或非门		
与或非门		
异或门		
同或门		
传输门		
集电极开路门		
三态输出门		

参 考 文 献

[1] 邱关源，罗先觉．电路（第 5 版）．北京：高等教育出版社，2009．
[2] Thoma L．Floyd（美），罗伟雄，译．电路原理（第七版）．北京：电子工业出版社，2005．
[3] 李瀚荪．电路分析基础（第四版）．北京：高等教育出版社，2006．
[4] 党宏社．电路、电子技术实验与电子实训（第 2 版）．北京：电子工业出版社，2013．
[5] 童诗白，华成英．模拟电子技术基础（第 4 版）．北京：高等教育出版社，2006．
[6] 康华光．电子技术基础模拟部分（第 5 版）．北京：高等教育出版社，2008．
[7] 孙肖子．模拟电子电路及技术基础（第 2 版）．西安：西安电子科技大学出版社，2008．
[8] 谭海曙．模拟电子技术实验教程．北京：北京大学出版社，2008．
[9] 王维斌，王庭良．模拟电子技术实验教程．西安：西北工业大学出版社，2012．
[10] 陈相，吕念玲．模拟电子技术实验．广州：华南理工大学出版社，2000．
[11] 阎石．数字电子技术．北京：高等教育出版社，1998．
[12] 康华光．电子技术基础（数字部分）．北京：高等教育出版社，2000．
[13] 赵桂钦，卜艳萍．电子电路分析与设计．北京：电子工业出版社，2003．
[14] Thomas L．Floyd．Digital Fundamentals．北京：科学出版社，2003．
[15] 杨志忠．数字电子技术．北京：高等教育出版社，2003．
[16] 王建花，茆姝．电子工艺实习．北京：清华大学出版社 2010．
[17] 殷小贡，蔡苗，黄松．现代电子工艺实习教程（第 2 版）．武汉：华中科技大学出版社，2013．
[18] 罗小华．电子技术工艺实习．武汉：华中科技大学出版社，2003．
[19] 王天曦．电子技术工艺基础．北京：清华大学出版社，2000．
[20] 徐国华．电子技能实训教程．北京：北京航空航天大学出版社，2006．
[21] 周春阳．电子工艺实习．北京：北京大学出版社，2006．
[22] 孙惠康．电子工艺实习教程．北京：机械工业出版社，2005．

反侵权盗版声明

电子工业出版社依法对本作品享有专有出版权。任何未经权利人书面许可，复制、销售或通过信息网络传播本作品的行为，歪曲、篡改、剽窃本作品的行为，均违反《中华人民共和国著作权法》，其行为人应承担相应的民事责任和行政责任，构成犯罪的，将被依法追究刑事责任。

为了维护市场秩序，保护权利人的合法权益，我社将依法查处和打击侵权盗版的单位和个人。欢迎社会各界人士积极举报侵权盗版行为，本社将奖励举报有功人员，并保证举报人的信息不被泄露。

举报电话：（010）88254396；（010）88258888

传　　真：（010）88254397

E-mail：　dbqq@phei.com.cn

通信地址：北京市海淀区万寿路 173 信箱
　　　　　电子工业出版社总编办公室

邮　　编：100036